개념이 술술! 이해가 쏙쏙!
원소의 구조

개념이 술술!
이해가 쏙쏙!

원소의 구조

구리야마 야스나오 감수 | 이정현 옮김

시그마북스
Sigma Books

개념이 술술! 이해가 쏙쏙!

원소의 구조

발행일 2025년 2월 10일 초판 1쇄 발행
감수자 구리야마 야스나오
옮긴이 이정현
발행인 강학경
발행처 시그마북스
마케팅 정제용
에디터 최윤정, 최연정, 양수진
디자인 김문배, 강경희, 정민애

등록번호 제10-965호
주소 서울특별시 영등포구 양평로 22길 21 선유도코오롱디지털타워 A402호
전자우편 sigmabooks@spress.co.kr
홈페이지 http://www.sigmabooks.co.kr
전화 (02) 2062-5288~9
팩시밀리 (02) 323-4197
ISBN 979-11-6862-326-2 (03430)

執筆協力 入澤宣幸、木村敦美
イラスト 桔川シン、堀口順一朗、栗生ゑのこ、北嶋京輔
デザイン・DTP 佐々木容子(カラノキデザイン制作室)
写真提供 Getty Images、フォトライブラリー、PIXTA
編集協力 堀内直哉

Original Japanese title: ILLUST & ZUKAI CHISHIKI ZERO DEMO TANOSHIKU YOMERU!
GENSO NO SHIKUMI supervised by Yasunao Kuriyama
Copyright © 2023 NAOYA HORIUCHI
Original Japanese edition published by Seito-sha Co., Ltd.
Korean translation rights arranged with Seito-sha Co., Ltd.
through The English Agency (Japan) Ltd. and Eric Yang Agency, Inc

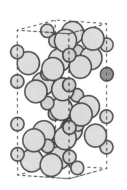

시작하며

서점에 가면 원소와 관련된 책들이 많다. 원소를 주제로 한 애니메이션 〈엘리먼트 헌터〉가 제작되기도 했고, '수헬리베, 마법의 주문'이라는 노래도 만들어졌다.

2019년은 멘델레예프가 주기율표를 만들어 발표한 지 150주년이 되는 해로, 유네스코에서는 2019년을 국제 주기율표의 해(International Year of the Periodic Table of Chemical Elements: IYPT)로 지정했다. 전 세계에서 다양한 이벤트가 개최되었는데, 프랑스에서 시작된 기념 행사는 일본에서 막을 내렸다. 그 모습은 홈페이지에서 확인할 수 있다.

이렇듯 원소는 왠지 인기가 많다. 왜 그럴까?

각 원소에는 자신만의 성격이나 역사 등 사람을 매료시키는 '캐릭터'가 있기 때문일 것이다. 또한 시대에 따라 원소를 활용하는 방법도 달라지므로 새로운 정보를 소개하기 위해 매년 이런저런 책들이 출간되는 것이기도 하다.

　중학교 수업 시간에 원소를 배울 때부터 좋아했다는 사람은 많지 않겠지만, 책이나 애니메이션, 노래 등 다양한 콘텐츠를 계기로 원소에 흥미를 느끼게 된 사람은 있을 것이다. 보석 때문에 원소를 좋아하게 되었다는 사람도 있으니까 말이다.

　이 책에서는 원소와 관련된 재미있는 주제를 한눈에 볼 수 있도록 양쪽 페이지에 걸쳐 구성하고, 간결한 문장과 그림으로 이해하기 쉽게 설명하고 있다. 순서대로 읽을 필요 없이, 관심 있는 부분부터 읽을 수 있도록 만들었다. 배운 내용을 복습하는 데에도 알맞고, 짬이 날 때 읽기에도 좋다. 흥미가 더 생긴다면 전문적인 내용을 다룬 책들을 통해 자세히 배워보기 바란다.

　원소를 알면 자신의 주변에 있는 것들의 원리를 더욱 잘 이해할 수 있다.

　납득이 가는 일도 늘어날 것이다. 자신이 알게 된 것을 누군가에게 이야기해주고 싶어질지도 모른다. 이 책을 통해 그렇게 하루하루가 더 즐거워지기를 바란다.

야마가타대학교 이학부 교수 구리야마 야스나오

차례

시작하며 _ 006

제1장 원소에 대한 기본적인 내용과 이런저런 궁금한 이야기

01 도대체 '원소'란 무엇일까? 어떤 물질일까? ································· 014

02 원소의 종류는 몇 가지일까? ··· 016

원소 이야기 ① 원소를 가장 많이 찾은 사람은 누구이고, 몇 가지 원소를 찾았을까? ····· 018

03 원자와 원소는 어떻게 다를까? ·· 020

04 주기율표란 무엇일까? ① 왜 만들어졌을까? ································· 024

05 주기율표란 무엇일까? ② 어떤 기준에 따라 나열되어 있을까? ··············· 028

06 주기율표란 무엇일까? ③ 하나로 묶어놓은 원소의 정체는? ·········· 032

사진으로 보는 원소 ① 원소가 빚어낸 아름다운 풍경 ························ 034

07 인간은 어떤 원소로 이루어져 있을까? ······································ 036

08 불꽃색은 원소가 만들어낸 것일까? ·· 038

09 루비와 사파이어는 같은 광물인 걸까? ······································ 040

사진으로 보는 원소 ② 원소가 색을 칠한 아름다운 보석 ···················· 042

10 지구는 어떤 원소로 이루어져 있을까? ······································ 044

11 인공 원소란 무엇일까? 어떻게 만들까? ···································· 046

12 일본의 원소? '니호늄'이란? ·· 048

원소 이야기 ② 왜 '닛포늄'이 아니라 '니호늄'일까? ························ 050

13 연필심과 다이아몬드, 같은 원소로 이루어져 있다? ································ 052

14 조명과 원소 ① LED 조명의 구조 ································ 054

15 조명과 원소 ② 전구와 형광등의 구조는? ································ 056

16 원자력 발전에는 어떤 원소를 사용할까? ································ 058

원소 이야기 ③ 최초의 원소가 만들어진 것은 우주가 탄생한 후 얼마나 지나서일까? ··· 060

17 별이 폭발하며 여러 원소가 탄생했다? ································ 062

18 플루오린으로 가공된 프라이팬, 왜 눌어붙지 않을까? ································ 064

19 스마트폰은 어떤 원소로 이루어져 있을까? ································ 066

20 철족 원소가 자기력의 원천? ································ 068

사진으로 보는 원소 ③ 원소가 만들어낸 아름다운 광석 ································ 070

21 자동차에서는 어떤 원소가 활약하고 있을까? ································ 072

22 초전도는 원소가 만들어내는 현상? 자기부상열차의 구조 ································ 074

23 의료기기에 사용하는 원소에는 무엇이 있을까? ································ 076

24 우주탐사선에서 사용되는 원소는? ································ 078

25 시계는 원소의 힘으로 정확하게 작동한다? ································ 080

26 '1만 년 전의 화석'이라는 것을 어떻게 알 수 있을까? ································ 082

27 '희소 금속'이란 무엇일까? 어디에 쓰일까? ································ 084

원소 이야기 ④ 희소한 원소, 지구상에 어느 정도의 양이 존재할까? ································ 086

28 원소 중 80%은 금속? ································ 088

29 원소의 힘으로 뜨거워진다? 핫팩의 구조 ·············· 090

원소의 위인 ① 앙투안 로랑 라부아지에 ·············· 092

제 2 장 '그렇구나!' 하고 이해가 되는 우리 주변의 원소 이야기

30 수소 hydrogen 친환경 에너지로서 기대 중? ·············· 094

31 헬륨 helium 목소리를 높여주는 것도 가볍기 때문? ·············· 096

사진으로 보는 원소 ④ 원소가 빚어낸 아름다운 풍경 ·············· 098

32 리튬 lithium 현대인의 생활을 완전히 바꾼 원소? ·············· 100

33 질소 nitrogen 동식물의 생명에 필수적인 원소? ·············· 102

34 산소 oxygen 지상의 생물들을 지켜주는 역할도? ·············· 104

35 플루오린 fluorine 치아를 보호하지만 오존층은 파괴한다? ·············· 106

36 소듐 sodium (나트륨 natrium) 식생활에 없어서는 안 될 원소? ·············· 108

37 마그네슘 magnesium 가볍고 강하고 광합성도 돕는다? ·············· 110

38 알루미늄 aluminium 1원이 되기도, 우주복이 되기도 하는 원소? ·············· 112

사진으로 보는 원소 ⑤ 원소가 색을 칠한 아름다운 보석 ·············· 114

39 규소 silicon '반도체'의 원료로 엄청난 인기? ·············· 116

40 인 phosphorus 색깔에 따라서 성질이 다르다? ·············· 118

41 황 sulfur 황 자체는 냄새가 나지 않는다? ·············· 120

42 염소 chlorine 소독을 해주지만, 맹독이 되기도 한다? ·············· 122

43 칼슘 calcium **뼈뿐만 아니라 건축에도 필수?** ···································· 124

원소 이야기 ⑤ **소변에서 발견한 원소는 무엇일까?** ···························· 126

44 타이타늄 titanium **철보다 가벼우면서 경도는 2배?** ······················ 128

45 철 iron **순수한 철은 거의 사용하지 않는다?** ······························· 130

46 구리 copper **사용하기 좋고 가격도 적당?** ································· 132

47 은 silver **금보다 비싸던 때도 있었다?** ··································· 134

48 주석 tin **다른 금속을 도와주는 동료 같은 존재?** ························· 136

49 백금 platinum **금보다 귀하고 비싼 원소?** ······························· 138

50 금 gold **아주 옛날부터 모두가 좋아했다?** ······························· 140

원소 이야기 ⑥ **인류가 지금까지 캐낸 금의 총량은 얼마나 될까?** ·············· 142

51 납 lead **편리한 중금속이지만 취급 주의?** ······························· 144

52 우라늄 uranium **원자력 발전에 필수. 원래는 착색제?** ··················· 146

53 플루토늄 plutonium **인류가 만들어낸 위험한 원소?** ····················· 148

원소의 위인 ② **드미트리 멘델레예프** ·· 150

제 **3** 장 **내일이라도 당장 이야기하고 싶어지는 원소 이야기**

54 원소 이름은 어떻게 정할까? ·· 152

55 공룡이 멸종했다는 증거? '이리듐'의 업적 ·································· 156

56 금을 만들어내는 연금술과 원소의 관련성은? ······························ 158

사진으로 보는 원소⑥ **원소의 특성을 살린 아름다운 건축물** ·········· 160

57 **아름답기 위해 독을 사용? 화장품과 원소의 역사** ·········· 162

58 **원소는 맹독이 될 수도 있고 약이 될 수도 있다?** ·········· 164

59 **문명을 밝게 비추어왔다? 원소와 조명의 역사** ·········· 166

60 **원소의 힘으로 얼룩을 제거? 비누의 역사와 원리** ·········· 168

61 **자주 언급되는 '이온'도 원소의 일종일까?** ·········· 170

원소 이야기⑦ **1g당 가장 비싼 원소는 무엇일까?** ·········· 172

62 **세계 각국에서 찾기 경쟁! 인공 원소 탐구의 역사** ·········· 174

63 **원소가 방출하는 빛으로 원소의 종류를 알 수 있을까?** ·········· 176

64 **길이의 기준? 1미터와 원소** ·········· 178

65 **다이아몬드는 인공적으로 만들 수 있을까?** ·········· 180

사진으로 보는 원소⑦ **원소가 만들어낸 아름다운 광석** ·········· 182

66 **원소를 발견하면 노벨상을 받을 수 있을까?** ·········· 184

자연의 원소 94 _ 186

제 **1** 장

원소에 대한
기본적인 내용과
이런저런 궁금한 이야기

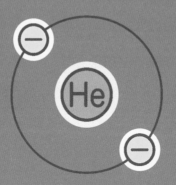

수소, 산소, 마그네슘, 알루미늄 등 우리가 자주 접하는 이것들은
모두 '원소'라고 한다. 그렇다면 '원소'란 정확하게 무엇일까?
원소 주기율표부터 일상생활에 원소가 활용되는 예까지
원소에 대해 자세히 알아보자.

01 도대체 '원소'란 무엇일까? 어떤 물질일까?

그렇구나! 화학적 성질이 동일한 입자의 이름. 어떤 조합으로 결합되는지에 따라 성질도 달라진다!

물질을 구성하는 원소, 원자, 분자 같은 단어는 누구나 들어본 적이 있을 것이다. 그렇다면 '원소'란 도대체 무엇일까?

물질은 작은 입자가 모여서 만들어진 것이다. 예를 들어 지금은 사용하지 않는 1원짜리 동전은 알루미늄 원자라는 금속 입자가 아주 많이 모여서 만들어진 것이고, 물은 수소 원자라는 입자와 산소 원자라는 입자가 결합한 물 분자가 아주 많이 모여서 만들어진 것이다. 이렇듯 **1원짜리 동전이나 물을 구성하는 아주 작은 입자를 '원자'**라 하고, 수소, 산소, 알루미늄과 같이 **입자의 종류를 나타내는 이름을 '원소'**라고 한다(그림 1). 이 세상에 존재하는 물질은 그것이 금이든 물이든 인간이든 태양이든 모두 원소로 이루어져 있다.

오늘날에는 총 118가지 원소가 존재하는 것으로 밝혀졌으며, 각 원소는 서로 화학적 성질이 다르다. 같은 원소끼리 결합하면 그 원소와 성질이 같은 물질이 만들어지고, 서로 다른 원소가 결합하면 어떤 원소의 조합인지에 따라 원래 원소와는 성질이 다른 물질로 바뀐다. 예를 들어 산소와 수소가 결합하면 물이 되는데, 이와 같이 처음 물질과는 다른 물질이 만들어지는 현상을 **'화학 반응'**이라고 한다(그림 2).

인간은 여러 원소로 화학 반응을 일으켜서 합금, 에너지, 약 등 우리 생활에 도움이 되는 성질을 띤 물질을 만들어왔다. 즉, 원소 연구를 통해 문명을 발달시킨 것이다.

원소는 원자의 종류를 나타낸다

▶ 입자는 '원자', 입자의 종류는 '원소' (그림1)

물질을 계속 분해하면 눈에 보이지 않는 아주 작은 입자가 된다. 물질을 구성하는 아주 작은 입자를 '원자'라 하고, 원자의 종류를 나타내는 이름을 '원소'라 한다.

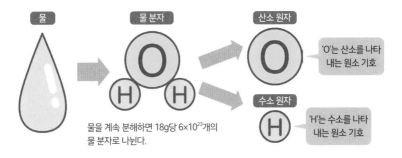

물을 계속 분해하면 18g당 6×10^{23}개의 물 분자로 나뉜다.

▶ 화학 반응이란? (그림 2)

어떤 물질과 또 다른 물질이 반응해 원래 물질과는 다른 물질이 만들어지는 현상을 가리킨다. 화학 반응을 이용해 우리에게 도움이 되는 성질을 띤 물질을 만들 수 있다.

분해해서 얻은 수소는 연료전지 자동차나 로켓의 연료로 사용된다

분해해서 얻은 산소는 의료용 산소 호흡기나 제철소에서 철을 만드는 데에 사용된다

02 원소의 종류는 몇 가지일까?

그렇구나! 현재까지 발견된 원소는 118가지이고, 이론상으로는 172가지일 것으로 추정한다!

원소의 종류는 얼마나 될까?

'만물은 무엇으로 이루어져 있는가?' 인간은 기원전부터 이 질문에 대한 답을 찾아왔다. 그리스 철학자들은 깊은 고민 끝에, '**물질은 불, 물, 공기, 흙, 이렇게 네 가지 원소로 이루어져 있다**'는 **4원소설**을 주장했다. 이러한 사고방식은 17세기까지 이어졌다.

1661년 영국의 화학자 보일은 4원소설을 부정하며 '**원소란 어떤 수단을 써도 더 이상 분해되지 않는 물질**'이라고 정의했다. 이후의 화학자들은 물질을 연소시키거나 물에 녹이면서 자연에서 원소를 찾기 시작했다. 1789년 프랑스의 화학자 라부아지에는 33가지 원소를 발표했다. 이후 전기분해와 분광법 같은 화학 분석법으로 계속해서 원소를 발견했고, 19세기 중반까지 63가지 원소를 발견했다.

1869년 러시아의 화학자 멘델레예프는 미발견 원소의 특징까지 추론해 빈칸으로 표시한 **원소 주기율표**를 만들었는데, 그 빈칸에 해당하는 미발견 원소를 이후에 하나씩 발견했으며, 1925년까지 발견한 92가지 원소 중 대부분이 자연에서 발견한 것이다. 93번 이후의 원소는 가속기가 발명되면서 **인공적으로 만들어진 것**이다. 현재까지 발견한 원소는 **118가지**인데, 지금도 새로운 원소를 찾는 연구는 계속되고 있다(오른쪽 그림). 이론상으로는 172번 원소까지 만들 수 있을 것이라고 추정한다.

이론상으로는 172가지 원소가 존재한다

▶ 원소 발견의 주요 역사

1 4원소설

기원전 5세기경 그리스의 철학자 엠페도클레스는 만물을 구성하는 것은 불, 물, 공기, 흙, 이렇게 네 가지라고 생각했다.

2 라부아지에가 제안한 33가지 원소

1789년 프랑스의 화학자 라부아지에는 자신의 저서 『화학원론』에서 33가지 원소(홑원소 물질)를 발표했다.

자연에 있는 원소	●빛 ●열 ●산소 ●질소 ●수소
금속 원소	●안티모니 ●은 ●비소 ●비스무트 ●코발트 ●구리 ●주석 ●철 ●몰리브데넘 ●니켈 ●금 ●백금 ●납 ●텅스텐 ●아연 ●망가니즈 ●수은
비금속 원소	●황 ●인 ●탄소 ●염산기(염소) ●플루오르산기(플루오린) ●붕산기(붕산)
토류 원소	●석회(산화 칼슘) ●마그네시아(산화 마그네슘) ●바라이트(산화 바륨) ●알루미나(산화 알루미늄) ●실리카(이산화 규소)

※ 현재에는 원소로 보지 않는 것도 포함되어 있다.

3 원소 주기율표 고안

1869년 러시아의 화학자 멘델레예프는 당시에 알려져 있던 63가지 원소에서 주기성을 발견하고 원소 주기율표를 만들었다. 이 원소 주기율표에는 미발견 원소가 들어갈 공간도 표시되어 있어서 새로운 원소를 발견하는 데에 단서를 제공했다(→ 24쪽).

4 인공 원소

1936년 미국에서는 가속기를 통해 테크네튬이라는 인공 원소를 합성해냈다. 지금까지 원자 번호 118번 원소까지 합성하는 데 성공했다(→ 46쪽).

Q 원소를 가장 많이 찾은 사람은 누구이고, 몇 가지 원소를 찾았을까?

| 3가지 | 또는 | 6가지 | 또는 | 9가지 | 또는 | 12가지 |

예로부터 많은 연구자들이 세상에 숨어 있는 원소들을 찾으려 했다. 그렇다면 지금까지 가장 많은 원소를 찾은 사람은 누구이고, 그 사람이 찾아낸 원소는 몇 가지나 될까?

과거의 연금술사부터 현대의 화학자까지 많은 사람들이 '이 세상에 어떤 원소가 존재하는가'라는 궁금증을 해결하기 위해 원소를 찾으려 했고, **현대에는 인공 원소를 포함한 118가지 원소를 발견했다.** 그렇다면 가장 많은 원소를 찾은 사람은 누구이고, 그 사람이 찾아낸 원소는 몇 가지나 될까?

가장 많은 원소를 발견한 것은 **미국의 화학자 시보그**다. 시보그를 중심으로 한

UC 버클리의 연구팀은 가속기(전자나 양성자 등의 입자를 가속시키는 장치)를 사용해서 1940~1958년에 걸쳐 원자기호 92번 우라늄보다 무거운 원소 중에 9가지를 인공 원소로 합성하며 발견해냈다.

참고로 시보그 다음으로 많은 원소를 발견한 사람은 **영국의 화학자 데이비**다. 1800년경 발명된 볼타 전지를 이용해 1806~1807년에 걸쳐 다양한 물질을 전기분해 해서 6가지 원소를 발견했다. 세 번째로 많은 원소를 발견한 사람은 **영국의 화학자 램지**로 5가지 원소를 발견했다. 비활성 기체를 차례차례 발견하며 1904년 노벨화학상을 받았다. 따라서 정답은 9가지 원소를 발견한 시보그다.

원소 발견자 베스트 3

발견자	개수	발견한 원소
글렌 시보그	9가지	●플루토늄 ●아메리슘 ●퀴륨 ●버클륨 ●캘리포늄 ●아인슈타이늄 ●페르뮴 ●멘델레븀 ●노벨륨
험프리 데이비	6가지	●소듐(나트륨) ●포타슘(칼륨) ●마그네슘 ●칼슘 ●스트론튬 ●바륨
윌리엄 램지	5가지	●아르곤 ●헬륨 ●크립톤 ●네온 ●제논

원소 발견자라는 명예는 대부분 광물이나 기체 등 혼합물에서 홑원소 물질을 분리(단리, 單離)해낸 인물에게 주어진다. 다만 원소의 단리는 매우 어려워서 단리 기술이 뒷받침되지 못해 불가능했던 경우도 적지 않다. **스웨덴의 셸레**는 염소, 산소, 질소를 발견한 화학자로, 단리는 해내지 못했지만 몰리브데넘, 텅스텐, 망가니즈, 바륨을 포함한 신물질의 존재를 밝혀내, 이 원소들을 발견하는 데 길을 열어준 인물이다.

원소 발견의 뒤에는 셸레와 같은 많은 화학자들의 시행착오가 숨겨져 있다는 사실을 간과해서는 안 된다.

03 원자와 원소는 어떻게 다를까?

'원자'는 물질을 구성하는 입자.
'원소'는 그 입자의 종류를 나타낸다!

원소와 원자. 둘 다 물질의 작은 단위인 것은 이해가 되었을 텐데, 그럼 둘 사이에는 어떤 차이점이 있을까?

'원자'란 물질을 구성하며 실체가 있는 입자를 가리킨다(그림 1 오른쪽). 눈에 보이지는 않는다. 양성자와 중성자로 이루어진 '원자핵'과 '전자'로 구성되는데, 예를 들어 수소 원자는 양성자가 1개, 산소 원자는 양성자가 8개로, 양성자의 수에 따라 '원자의 종류'와 '산화와 환원 같은 화학 반응에 대한 성질(화학적 성질)'이 달라진다.

'원소'는 원자 안의 양성자 수가 같은 것들의 묶음으로, 수소나 산소 같은 '원자의 종류'를 나타내는 이름이다(그림 1 왼쪽). 원소의 일람표인 주기율표(→ 24쪽)에서는 산소는 'O'라고 하는 원소 기호로 나타낸다. 한편 같은 원소이면서 질량이 다른 원소를 '동위 원소'라고 한다(→ 22쪽 그림 2). **양성자의 수는 같고 중성자의 수는 다르기 때문에 같은 원소인데도 성질이 다른 것이다.** 동위 원소들의 화학적 성질은 거의 비슷하다.

예를 들어 수소 원자에는 동위 원소가 세 종류 있는데, 모두 화학적 성질이 거의 비슷하다. 하지만 각각 질량이 다르기 때문에 산소와 결합해 물로 화학 변화가 일어날 때, 일반적인 물보다 더 가벼운 '경수(輕水)'나 더 무거운 '중수(重水)'가 되면서 물리적인 성질이 달라진다. **현재 동위 원소를 포함한 원자는 약 3000가지이고, 원소는 118가지가 존재한다.**

'원소'는 원자의 종류를 나타낸다

▶ 원소와 원자의 차이 (그림1)

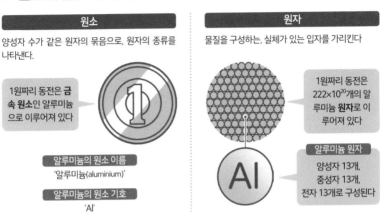

원소	원자
양성자 수가 같은 원자의 묶음으로, 원자의 종류를 나타낸다.	물질을 구성하는, 실체가 있는 입자를 가리킨다

1원짜리 동전은 **금속 원소**인 알루미늄으로 이루어져 있다

알루미늄의 원소 이름
'알루미늄(aluminium)'

알루미늄의 원소 기호
'Al'

1원짜리 동전은 222×10^{20}개의 알루미늄 **원자**로 이루어져 있다

알루미늄 원자
양성자 13개,
중성자 13개,
전자 13개로 구성된다

그렇다면 원자는 어떻게 생겼을까?

원자에는 원자핵이 있고, 그 주변에 전자가 '구름처럼' 흩어져서 존재한다(=전자구름). 전자의 수는 원소의 종류에 따라 다르다. 수소는 전자가 1개, 탄소는 전자가 6개이고, **양성자의 수와 전자의 수는 같다**(→ 23쪽 그림 3). 전자는 원자핵 주변에 층으로 구분되어 존재하는데, 그 층을 **'전자껍질'**이라고 한다(→ 23쪽 그림 4). 그리고 가장 바깥쪽 전자껍질에 있는 전자(최외각 전자)의 수가 원소의 성질을 결정하는 역할을 한다.

원자의 크기는 원소마다 다른데, 예를 들어 탄소 원자의 원자 반지름은 70pm※다. 골프공과 탄소 원자의 크기 비는 지구와 골프공의 크기 비와 같다. 원자핵은 더욱 작아서, 원자핵을 지름이 2mm인 구라고 하면 원자는 야구장 크기에 비유할 수 있다.

※ 피코미터(picometer)는 1조분의 1m다.

▶ 동위 원소에 대해 (그림 2)

양성자의 수는 같고 중성자의 수는 다른 원자를 가리킨다. 원자의 무게는 양성자와 중성자의 수에 따라 결정되기 때문에 동위 원소는 중성자의 수만큼 질량이 달라진다.

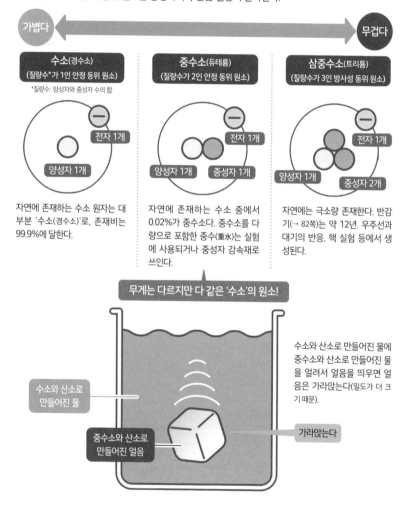

가볍다 ◄─────────────────────► **무겁다**

수소(경수소)
(질량수*가 1인 안정 동위 원소)
*질량수: 양성자와 중성자 수의 합

전자 1개
양성자 1개

자연에 존재하는 수소 원자는 대부분 '수소(경수소)'로, 존재비는 99.9%에 달한다.

중수소(듀테륨)
(질량수가 2인 안정 동위 원소)

전자 1개
양성자 1개 · 중성자 1개

자연에 존재하는 수소 중에서 0.02%가 중수소다. 중수소를 다량으로 포함한 중수(重水)는 실험에 사용되거나 중성자 감속재로 쓰인다.

삼중수소(트리튬)
(질량수가 3인 방사성 동위 원소)

전자 1개
양성자 1개 · 중성자 2개

자연에는 극소량 존재한다. 반감기(→ 82쪽)는 약 12년. 우주선과 대기의 반응, 핵 실험 등에서 생성된다.

무게는 다르지만 다 같은 '수소'의 원소!

수소와 산소로 만들어진 물

중수소와 산소로 만들어진 얼음

수소와 산소로 만들어진 물에 중수소와 산소로 만들어진 물을 얼려서 얼음을 띄우면 얼음은 가라앉는다(밀도가 더 크기 때문에).

가라앉는다

▶ 원자의 구조 (그림 3)

원자는 원자핵과 전자로 이루어져 있다. 양성자의 수로 원소의 종류가 결정된다. 또한 양성자의 수와 전자의 수는 같다.

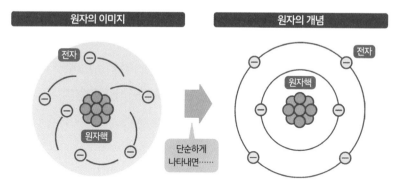

원자의 이미지

탄소 원자는 양성자와 중성자가 각각 6개이고, 그 주변에 전자 6개가 구름처럼 흩어져서 존재한다.

원자의 개념

단순하게 나타내면⋯⋯

탄소 원자는 가장 바깥쪽 전자껍질에 전자 4개가 들어 있는데, 이 숫자가 화학적 성질에 영향을 준다.

▶ 전자껍질이란? (그림 4)

원자 안에서 전자가 위치하는 곳은 정해져 있는데, 그것을 전자껍질이라고 한다. 가장 바깥쪽 전자껍질에 있는 전자(최외각 전자)의 수에 따라서 그 원소의 화학적 성질이 결정된다.

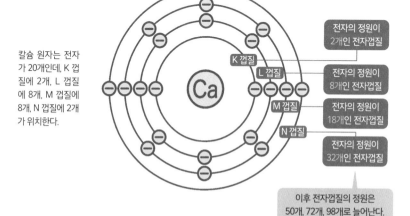

칼슘 원자는 전자가 20개인데, K 껍질에 2개, L 껍질에 8개, M 껍질에 8개, N 껍질에 2개가 위치한다.

K 껍질
L 껍질
M 껍질
N 껍질

전자의 정원이 2개인 전자껍질

전자의 정원이 8개인 전자껍질

전자의 정원이 18개인 전자껍질

전자의 정원이 32개인 전자껍질

이후 전자껍질의 정원은 50개, 72개, 98개로 늘어난다.

04 주기율표란 무엇일까? ①
왜 만들어졌을까?

 그렇구나! 원소를 보기 좋게 정리한 표.
미발견 원소를 찾는 데 단서가 되기도 한다!

학교에서 배우는 주기율표. 왜 만들어진 것일까?

우리에게 익숙한 주기율표는 **발견된 원소들을 체계적으로 정리**하려 했던 많은 화학자들이 여러 시행착오를 거쳐서 완성한 것이다.

주기율표는 1810년경 스웨덴의 화학자 베르셀리우스가 원소의 원자량(원자의 질량)을 측정하면서 만들어지기 시작했다. 1864년에는 영국의 화학자 뉴랜즈는 원소를 원자량 순서대로 나열하면 여덟 번마다 성질이 비슷한 원소가 나온다는 사실을 알아차렸다.

이러한 '원소의 주기적인 반복'에 주목해 원소를 정리한 사람은 독일의 화학자 마이어와 러시아의 화학자 멘델레예프다. 그들은 주기적으로 나오는 '화학적 성질이 비슷한 원소'를 적절하게 배치했는데, 멘델레예프는 딱 맞는 원소가 없는 자리를 빈칸으로 두었다. **빈칸에는 '미발견 원소가 들어간다'고 예언한 셈이다**(그림 1). 예언은 사실이었고, 빈칸에 해당하는 원소는 실제로 차례차례 발견되었다.

우리에게 익숙한 원소 주기율표는 멘델레예프 연구팀의 주기율표와 다른 형식인데, **원자 번호(원소의 양성자 수) 순서대로 나열되며 일곱 번의 주기가 있다**(그림 2). 원소 주기율표를 보면 어떤 원소가 어떤 원소와 비슷한지, 화학 반응을 일으키기 쉬운 원소와 어려운 원소는 무엇인지 등 여러 그룹으로 분류할 수 있다(→ 26쪽 그림 3).

▶ 멘델레예프의 주기율표 (그림1)

오른쪽 그림은 1869년에 만들어진 주기율표다. 가로줄에는 화학적 성질이 비슷한 원소가 나열되어 있고, 그 자리에 딱 맞는 원소가 없는 칸은 '?'로 표시했다.

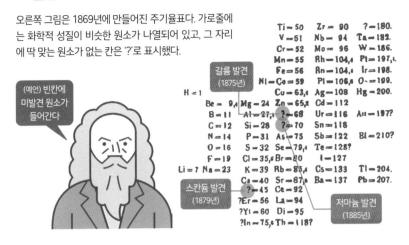

▶ 주기율표의 가로줄과 세로줄 (그림 2)

주기율표의 가로줄을 '주기'라 하고, 세로줄을 '족'이라 한다.

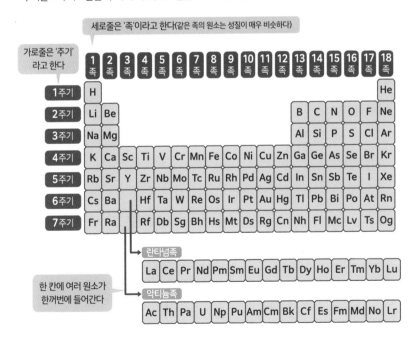

118가지 원소를 발견했다

▶ **원소 주기율표** (그림 3)

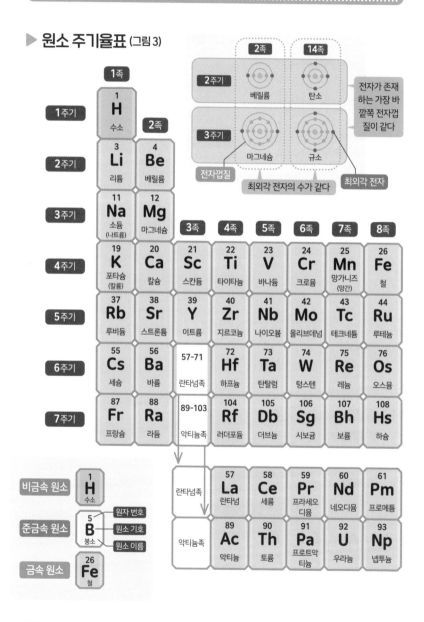

2족 / **14족**

2주기: 베릴륨 / 탄소

3주기: 마그네슘 / 규소

전자껍질

최외각 전자의 수가 같다

최외각 전자

전자가 존재하는 가장 바깥쪽 전자껍질이 같다

1족	2족						
1주기 **1 H** 수소							
2주기 **3 Li** 리튬	**4 Be** 베릴륨						
3주기 **11 Na** 소듐(나트륨)	**12 Mg** 마그네슘	3족	4족	5족	6족	7족	8족
4주기 **19 K** 포타슘(칼륨)	**20 Ca** 칼슘	**21 Sc** 스칸듐	**22 Ti** 타이타늄	**23 V** 바나듐	**24 Cr** 크로뮴	**25 Mn** 망가니즈(망간)	**26 Fe** 철
5주기 **37 Rb** 루비듐	**38 Sr** 스트론튬	**39 Y** 이트륨	**40 Zr** 지르코늄	**41 Nb** 나이오븀	**42 Mo** 몰리브데넘	**43 Tc** 테크네튬	**44 Ru** 루테늄
6주기 **55 Cs** 세슘	**56 Ba** 바륨	57-71 란타넘족	**72 Hf** 하프늄	**73 Ta** 탄탈럼	**74 W** 텅스텐	**75 Re** 레늄	**76 Os** 오스뮴
7주기 **87 Fr** 프랑슘	**88 Ra** 라듐	89-103 악티늄족	**104 Rf** 러더포듐	**105 Db** 더브늄	**106 Sg** 시보귬	**107 Bh** 보륨	**108 Hs** 하슘

비금속 원소 **1 H** 수소

준금속 원소 **5 B** 붕소 — 원자 번호 / 원소 기호 / 원소 이름

금속 원소 **26 Fe** 철

란타넘족	**57 La** 란타넘	**58 Ce** 세륨	**59 Pr** 프라세오디뮴	**60 Nd** 네오디뮴	**61 Pm** 프로메튬
악티늄족	**89 Ac** 악티늄	**90 Th** 토륨	**91 Pa** 프로트악티늄	**92 U** 우라늄	**93 Np** 넵투늄

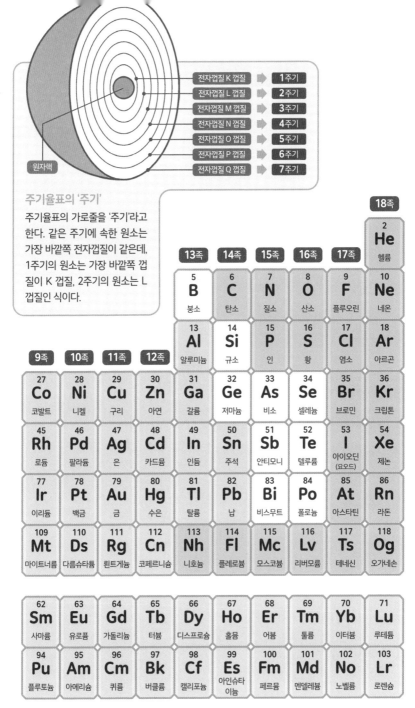

전자껍질 K 껍질 ➡ 1주기
전자껍질 L 껍질 ➡ 2주기
전자껍질 M 껍질 ➡ 3주기
전자껍질 N 껍질 ➡ 4주기
전자껍질 O 껍질 ➡ 5주기
전자껍질 P 껍질 ➡ 6주기
전자껍질 Q 껍질 ➡ 7주기

원자핵

주기율표의 '주기'

주기율표의 가로줄을 '주기'라고 한다. 같은 주기에 속한 원소는 가장 바깥쪽 전자껍질이 같은데, 1주기의 원소는 가장 바깥쪽 껍질이 K 껍질, 2주기의 원소는 L 껍질인 식이다.

※ 그림은 『理科年表(이과연표)』(일본국립천문대) 등을 참고했다.

05 주기율표란 무엇일까? ②
어떤 기준에 따라 나열되어 있을까?

세로줄에 나열된 원소는 최외각 전자 수가 같으므로 성질이 비슷하다!

원소 주기율표의 특징 중 하나는 '**세로줄에 나열된 원소는 성질이 비슷하다**'는 것이다. **세로줄은 '족'**이라고 하는데, 같은 족에 있는 원소의 화학적 성질이 비슷한 이유는 무엇일까?

같은 족의 원소를 보면, 가장 바깥쪽 전자껍질에 들어 있는 전자(최외각 전자)의 수가 같다. 사실 **이 최외각 전자의 수가 원소의 화학적 성질을 결정한다**(→ 30쪽 그림 2).

가장 왼쪽 끝에 있는 1족의 원소는 수소를 제외하고 '**알칼리 금속 원소**'라고 하는데, 다른 물질과 화학 반응을 잘 일으킨다는 특징이 있다. 이 족에 있는 모든 원소의 최외각 전자의 수는 1개다. 한편 가장 오른쪽 끝에 있는 18족의 원소는 '비활성 기체(희유 기체류 원소)'라고 하는데, 다른 물질과 화학 반응을 거의 일으키지 않는다. 최외각 전자의 수는 8개다(헬륨은 2개).

전자 배치는 안정한 상태와 불안정한 상태로 나뉜다(그림 1). 채워진껍질(가장 바깥쪽 전자껍질이 전자로 모두 채워진 상태)이 되거나 최외각 전자가 8개일 때 전자는 안정한 상태가 되어 다른 물질과 전자를 주고받지 않기 때문에, 대부분 화학 반응을 하지 않는다. 비활성 기체 원소가 이러한 경우에 해당한다.

한편 비활성 기체 원소 이외의 원소는 가장 바깥쪽 전자껍질의 일부가 비어 있기 때문에 전자는 불안정한 상태로, 다른 물질과 활발하게 반응한다. 사실 원자는 다른

▶ 안정한 전자 배치, 불안정한 전자 배치 (그림 1)

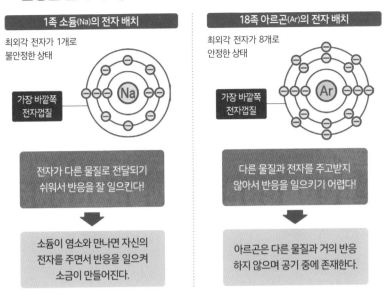

1족 소듐(Na)의 전자 배치

최외각 전자가 1개로
불안정한 상태

가장 바깥쪽
전자껍질

전자가 다른 물질로 전달되기
쉬워서 반응을 잘 일으킨다!

소듐이 염소와 만나면 자신의
전자를 주면서 반응을 일으켜
소금이 만들어진다.

18족 아르곤(Ar)의 전자 배치

최외각 전자가 8개로
안정한 상태

가장 바깥쪽
전자껍질

다른 물질과 전자를 주고받지
않아서 반응을 일으키기 어렵다!

아르곤은 다른 물질과 거의 반응
하지 않으며 공기 중에 존재한다.

물질과 전자를 주고받아서 안정된 전자 배치를 이루려는 성질이 있다. 예를 들어 최외각 전자가 1개인 1족 원소의 경우 전자가 다른 물질에 전달되기 쉬운데, 달리 표현하면 다른 물질과 잘 반응한다고 할 수 있다.

이렇듯 **주기율표에서 같은 족의 원소들은 최외각 전자의 수를 기준으로 나열되어 있기 때문에 화학적 성질이 유사하다.** 특히 1족과 2족, 13~18족의 원소는 세로줄에 나열된 같은 족의 원소끼리 화학적 성질이 아주 비슷해서 '**전형 원소**'라고도 한다.

그렇다면 같은 족의 원소임을 아는 것은 어디에 도움이 될까? 현재 스마트폰이나 전기자동차에서 리튬 이온 전지가 널리 쓰이고 있는데, 리튬은 희소 금속으로 전 세계가 원하는 물질이다. 따라서 리튬을 얻지 못할 상황에 대비해 리튬을 사용하지 않는 전지에 대한 연구가 이루어지고 있고, 같은 1족 원소인 소듐(Na)과 포타슘(K)을 이용한 전지를 개발하는 중이다. 이렇듯 같은 족의 원소라는 관계를 바탕으로 연구 방향을 정할 수 있다.

같은 족의 원소는 성질이 비슷하다

▶ 최외각 전자의 수와 족의 관계 (그림 2)

같은 족의 원소가 성질이 비슷한 이유는 최외각 전자의 수가 같기 때문이다.

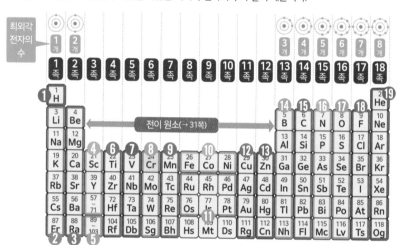

※ 104번 이후의 원소는 어떤 성질을 가졌는지 알려지지 않았다.

① 수소

1족의 다른 알칼리 금속 원소와 성질은 다르지만, 가장 바깥쪽 전자껍질에 전자가 1개 있으므로 여기에 위치해 있다.

② 알칼리 금속 원소
1족(수소 제외)

무른 금속 원소. 홑원소 물질일 때 다른 물질과 격렬하게 반응한다. 전기 전도성이 좋고 열 전도율이 높다.

③ 알칼리 토금속 원소
2족

금속 원소. 다른 물질과 화학 반응을 일으키기 쉽다. 알칼리 금속 원소보다 단단하고 녹는점과 끓는점이 높다.

④ 희토류 원소
Sc, Y, 란타넘족

스칸듐, 이트륨, 란타넘족은 희토류(rare earth)라고 분류되는 금속 원소다.

⑤ 악티늄족 원소
3족·7주기

악티늄~로렌슘은 원자핵이 차례차례 붕괴되어 다른 원소로 바뀌는 성질이 있는 방사성 원소다.

⑥ 타이타늄족 원소
4족

타이타늄, 지르코늄, 하프늄은 금속 원소다. 표면에 산화 피막이 형성되어 녹이 스는 것을 막는다.

⑦ 바나듐족 원소
5족
바나듐, 나이오븀, 탄탈럼은 금속 원소다. 단단하고 강해서 녹이 잘 슬지 않는다.

⑫ 구리족 원소
11족
구리, 은, 금은 연성과 전성이 있는 무른 금속 원소다. 자연에서 쉽게 얻을 수 있다.

전형 원소
1~2족, 13~18족의 원소는 같은 족 원소끼리 성질이 비슷하므로 전형 원소라고 한다.

전이 원소
3~12족 원소 중 대부분이 최외각 전자의 수가 1~2개다. 이를 전이 원소라고 하며 같은 족끼리는 물론 가로로 이웃하는 원소도 성질이 비슷하다.

⑧ 크로뮴족 원소
6족
크로뮴, 몰리브데넘, 텅스텐은 금속 원소다. 다른 원소보다 비교적 녹는점과 끓는점이 높다.

⑬ 아연족 원소
12족
아연, 카드뮴, 수은은 은백색의 무른 금속 원소다. 녹는점, 끓는점이 낮고 휘발되기 쉽다.

⑨ 망가니즈족 원소
7족
망가니즈, 테크네튬, 레늄은 금속 원소다. 망가니즈 외에는 존재하는 양이 매우 적다.

⑭ 붕소족 원소
13족
붕소만 준금속 원소다. 다른 네 원소는 금속 원소로, 암석 내에 넓게 분포되어 있기 때문에 '토류 금속'이라고도 한다.

⑰ 산소족 원소
16족
산소와 황은 비금속 원소이지만 주기율표에서 아래쪽으로 갈수록 금속성이 강해진다.

⑩ 철족 원소
8~10족·4주기
철, 코발트, 니켈은 금속 원소다. 상온에서 자성이 강하다. 다른 물질과 반응을 일으키기 쉽다.

⑮ 탄소족 원소
14족
탄소는 비금속 원소이지만 주기율표에서 아래쪽으로 갈수록 금속성이 강해진다.

⑱ 할로젠
17족
'소금을 만든다(Halos genes)'는 뜻의 그리스어에서 유래했다. 반응성이 크며 금속과 반응해 '염'을 만든다.

⑪ 백금족 원소
8~10족·5~6주기
존재하는 양이 매우 적은 금속 원소다. 자연에서는 합금으로 함께 산출된다. 화학 반응의 촉매로 쓰인다.

⑯ 질소족 원소
15족
질소는 비금속 원소이지만 주기율표에서 아래쪽으로 갈수록 금속성이 강해진다. 탄소족보다 휘발성이 강하다.

⑲ 비활성 기체
18족
상온에서 기체로 존재한다. 화학적으로 안정해서 다른 물질과 반응하지 않기 때문에 '불활성 기체'라고도 한다.

06 주기율표란 무엇일까? ③
하나로 묶어놓은 원소의 정체는?

성질이 비슷한 원소들이 '란타넘족'과 '악티늄족'으로 묶여 있다!

원소 주기율표에는 몇 가지 원소가 하나로 묶여 있는 칸이 있다. 이 두 가지는 성질이 비슷한 원소를 묶어놓은 것으로, 각각 '란타넘족', '악티늄족'이라고 한다(오른쪽 그림).

3족·6주기에 있는 것이 '란타넘족(란타넘과 비슷한 원소)'이다. 란타넘부터 루테튬까지 15가지 원소가 여기에 해당한다. **이 원소들은 모두 전자 배치가 같고 자석이 되기 쉽다**는 성질도 있으므로 한 묶음으로 나타냈다.

3족·7주기에 있는 것은 '악티늄족(악티늄과 비슷한 원소)'이다. 악티늄부터 로렌슘까지 15가지 원소가 여기에 해당한다. **이 원소들은 모두 시간이 지나면 방사선을 방출하며 붕괴되어서 다른 원소로 바뀌는 '방사성 원소'**다. 전자 배치와 화학적 성질이 비슷하므로 한 묶음으로 나타낸 것이다.

란타넘족은 같은 3족의 스칸듐, 이트륨과 함께 희토류 원소(rare earth)라고 하며, 자석이나 의료용 레이저 등에 쓰이므로 현대 기술에서 없어서는 안 되는 원소다.

한편 악티늄족은 방사선을 방출하며 우라늄과 플루토늄은 핵 연료를 만드는 데 사용된다. 아메리슘 이후의 원소는 인공적으로 만든 것으로, 자연에는 존재하지 않는다고 본다.

▶ 주기율표에서 하나로 묶여 있는 원소

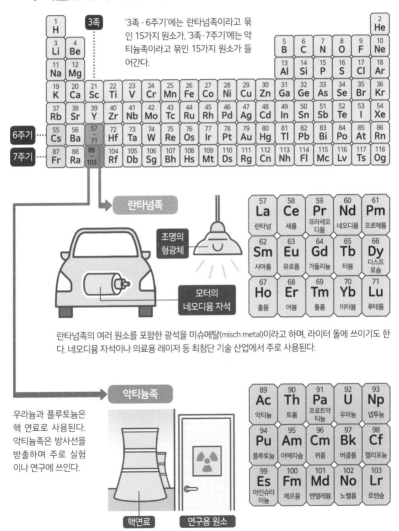

'3족·6주기'에는 란타넘족이라고 묶인 15가지 원소가, '3족·7주기'에는 악티늄족이라고 묶인 15가지 원소가 들어간다.

란타넘족

조명의 형광체

모터의 네오디뮴 자석

57 La 란타넘	58 Ce 세륨	59 Pr 프라세오디뮴	60 Nd 네오디뮴	61 Pm 프로메튬
62 Sm 사마륨	63 Eu 유로퓸	64 Gd 가돌리늄	65 Tb 터븀	66 Dy 디스프로슘
67 Ho 홀뮴	68 Er 어븀	69 Tm 툴륨	70 Yb 이터븀	71 Lu 루테튬

란타넘족의 여러 원소를 포함한 광석을 미슈메탈(misch metal)이라고 하며, 라이터 돌에 쓰이기도 한다. 네오디뮴 자석이나 의료용 레이저 등 최첨단 기술 산업에서 주로 사용된다.

악티늄족

우라늄과 플루토늄은 핵 연료로 사용된다. 악티늄족은 방사선을 방출하며 주로 실험이나 연구에 쓰인다.

89 Ac 악티늄	90 Th 토륨	91 Pa 프로트악티늄	92 U 우라늄	93 Np 넵투늄
94 Pu 플루토늄	95 Am 아메리슘	96 Cm 퀴륨	97 Bk 버클륨	98 Cf 캘리포늄
99 Es 아인슈타이늄	100 Fm 페르뮴	101 Md 멘델레븀	102 No 노벨륨	103 Lr 로렌슘

핵연료   연구용 원소

원소가 빚어낸 아름다운 풍경

원소 이름　탄소, 질소, 산소, 황, 칼슘, 철, 비소, 금, 라듐

오로라, 석회 동굴 등 대자연에서 다양한 원소 반응으로 나타나는 아름다운 풍경을 소개한다.

계단식 논 모양의 석회 단층

'목화의 성'이라는 의미의 튀르키예 온천 휴양지 파묵칼레. 온천수가 산 표면을 타고 흘러내릴 때 온천수에 함유된 탄산 칼슘이 침전되고 쌓여서 물이 흐르는 것을 막고, 그 결과 석회 단층을 만들었다.

원소　칼슘, 탄소, 산소 등

태곳적부터 자라온 종유석

오키나와의 석회 동굴. 석회암에 스며든 물이 천장에서 떨어지고 물에 녹아 있던 석회는 고체가 되어 종유석(빙주석), 석순을 만든다.

원소　칼슘, 탄소, 산소 등

▶ 일반적으로 종유석은 100년에 1cm씩 자란다고 본다.

종유석

석순

빛의 커튼

북극권의 오로라. 우주에서부터 떨어지는 전자가 대기의 원자나 분자에 부딪혀 발광한다. 고도에 따라 색이 달라지며, 높은 고도의 산소 원자는 빨간색, 낮은 고도의 질소 분자는 분홍색으로 빛난다.

원소 산소, 질소 등

대지에서 끓어오르는 연기

일본 아키타 현의 다마가와 온천. 미량의 방사성 원소 라듐을 포함한 광물이 존재. 라듐 온천으로 알려져 암반욕 등에 이용된다.

원소 라듐

화산으로 만들어진 형형색색의 호수와 연못

뉴질랜드의 와이오타푸. '신성한 물'이라는 의미다. 화산활동으로 만들어진 온천과 연못이 있다.

원소 황, 철, 비소, 금 등

● 악마의 온천

황화 수소와 철염이 함유된 녹색 연못. 악취가 심하다.

● 샴페인 풀

탄소 가스의 기포가 올라오는 열수성 분화구. 주황색 테두리는 비소, 금 등을 포함한다.

07 인간은 어떤 원소로 이루어져 있을까?

그렇구나! 인간의 몸을 구성하는 요소 중 약 99%는 11가지 원소다!

인간의 몸은 어떤 원소로 이루어져 있을까?

인체의 60%는 물로 이루어져 있다. 단백질(근육, 내장, 효소)이나 핵산(유전자) 등 고체 부분은 생명 활동에서 중요한 작용을 하는 유기 화합물, 즉 **생체 분자**로 이루어져 있다.

사실 인간뿐만 아니라 대부분의 생명체가 활동하는 데 사용하는 원소는 비슷하다. 생명 활동에 필수적이며 체내에 많은 부분을 차지하는 원소는 '**11가지**'다(그림 1). 생체 분자는 탄소, 수소, 질소, 산소, 인, 황을 포함하는 것들이 많다. 이렇게 생명에 반드시 필요한 원소를 원소 기호 순서로 나열해 'CHNOPS'라고 나타낸다. 그 외의 포타슘, 소듐, 염소, 마그네슘은 주로 체내에 있는 물에 녹아서 이온 형태로 존재하며, 생명 활동에서 중요한 작용을 한다. 칼슘은 그뿐만 아니라 몸을 지탱해주는 뼈의 주요한 재료이기도 하다.

인체를 구성하는 원소 중 상위 네 가지 원소가 전체의 약 96%, 상위 11가지 원소가 전체의 약 99%를 차지한다. 나머지 1%에 해당하는 원소는 인체에 없어도 무방한 것으로 보일 수도 있다. 하지만 그 1%에도 생명 활동에 필수적인 것이 포함되어 있다(그림 2). 사실 지금까지 소개한 것 외에도 플루오린, 스트론튬 등 인체에 존재하지만 '반드시 필요한지는 아직 밝혀지지 않은' 원소가 많기 때문에, 필수적인 원소에 대한 연구는 계속 진행되고 있다.

인체를 구성하는 원소 중 상위 네 가지가 96%를 차지

▶ **인체를 구성하는 원소** (그림1) 인체의 약 99%는 11가지 원소로 이루어져 있다.

산소	탄소	수소	질소
45.4kg / 65%	12.6kg / 18%	7kg / 10%	2.1kg / 3%
생명을 유지하는 데 필수. 물, 단백질 등 생명체의 주요 재료	생명이 사용하는 탄소 화합물(유기 화합물)의 재료	물, 단백질, 핵산, 당질 등 생명체의 주요 재료	단백질, 핵산 등 생명체의 주요 재료

칼슘	인	황	포타슘(칼륨)
1.05kg / 1.5%	0.7kg / 1%	175g / 0.25%	140g / 0.2%
뼈와 치아의 재료. 근육의 움직임과 관련됨	핵산, 아데노신 삼인산 (ATP), 뼈, 치아의 재료	머리카락, 손톱, 피부 등을 만드는 단백질의 재료	세포내액의 삼투압을 조정

소듐(나트륨)	염소	마그네슘
105g / 0.15%	105g / 0.15%	105g / 0.15%
세포외액의 삼투압을 조정	위산의 성분. 체액의 삼투압 유지	효소의 활성화, 뼈의 성장에 관여함

※ 몸무게가 70kg일 때 체내에 존재하는 양

▶ **주요한 필수 미량 원소 · 초미량 원소** (그림2)

체내에 존재하는 양은 적지만 인체에 필수적인 원소가 있다.

원소 이름	체내 존재량	특징
철	6g	헤모글로빈에 포함되어 전신에 산소를 전달한다.
아연	2.3g	단백질 합성 등 대사에 관여한다.
규소	2g	뼈 성장이나 피부에 필수적이다.
구리	80mg	헤모글로빈에 철을 전달한다.
망가니즈	20mg	효소의 작용을 촉진한다. 망가니즈를 포함하는 효소가 있다.
셀레늄	12mg	항산화 효소의 성분.
아이오딘(요오드)	11mg	갑상선 호르몬의 성분.
몰리브데넘	10mg	요산의 대사, 피를 만드는 데 관여한다.
붕소	10mg	필수 미량 원소.
크로뮴	2mg	당질 대사에 관여한다.
코발트	1.5mg	비타민 B_{12}의 성분.

※ 출처: 사쿠라이 히로무의 『元素118の新知識, 第2版(118가지 원소에 대한 새로운 지식, 제2판)』(2023)을 바탕으로 작성.

08 불꽃색은 원소가 만들어낸 것일까?

 금속 원소의 '불꽃반응'을 이용해 형형색색의 불꽃색을 만들어낸다!

밤하늘을 수놓는 선명한 색상의 불꽃들. 그러한 각양각색의 불꽃도 원소의 성질을 이용한 것이다.

하늘로 쏘아올려진 폭죽은 할약과 별로 이루어져 있다(그림 1). 흑색 화약으로 만들어진 할약이 폭발하며 폭죽이 파열되고, 별에 불이 붙어서 하늘로 날아간다. **별에는 흑색 화약과 다양한 금속가루가 섞여 있는데, 금속가루가 연소되면서 불꽃색을 만들어낸다.**

예를 들어 구리의 금속가루는 청록색 빛을, 스트론튬은 진홍색 빛을 내면서 탄다. 금속 원소를 포함한 물질을 연소시키면 원소의 종류에 따라서 다양한 빛이 방출된다. 이러한 현상을 **'불꽃반응'**이라고 한다(그림 2).

원자를 연소시키면 전자는 열에너지를 흡수해 에너지가 높은 상태(들뜬상태)가 된다. 이것은 원자에게는 불안정한 상태이므로 전자는 여분의 에너지를 방출해 안정한 상태로 돌아가려고 한다. **이때 방출되는 빛의 색이 불꽃색으로 보이는 것이다.**

불꽃반응을 일으키는 금속 원소는 한정되어 있으므로 폭죽 제작자는 금속 원소를 적절히 조합해 만든다. 소듐처럼 원자에서 빛을 내는 경우도 있고, 염화 바륨(황록색), 염화 구리(청록색)와 같은 분자에서 빛을 내는 경우도 있다.

불꽃놀이를 할 때 불꽃색은 금속 원소가 연소할 때 나타나는 색

▶ 불꽃놀이 폭죽의 구조 (그림1)

흑색 화약으로 폭죽을 터뜨리고 금속 원소를 태워 불꽃에 색을 입힌다.

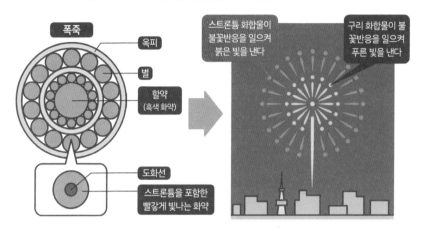

폭죽

옥피

별

할약
(흑색 화약)

도화선

스트론튬을 포함한
빨갛게 빛나는 화약

스트론튬 화합물이
불꽃반응을 일으켜
붉은 빛을 낸다

구리 화합물이 불
꽃반응을 일으켜
푸른 빛을 낸다

▶ 불꽃반응이란? (그림2)

금속 원소가 연소하면서 특유의 색을 방출하는 현상.

외부에서 더해진 열에너지

1 원자에 열을 가하면 에너지가
높아져서 전자는 바깥쪽으로
이동한다(들뜬상태).

빛에너지를 방출

2 들뜬상태는 불안정하므로 전
자는 원래 상태로 돌아가려
하기 때문에 빛에너지를 방출
해 원래 위치로 돌아간다.

불꽃반응으로 나타나는 빛의 예

원소 기호	원소 이름	색
Li	리튬	빨간색
Na	소듐(나트륨)	노란색
K	포타슘(칼륨)	보라색
Mg	마그네슘	흰색
AL	알루미늄	흰색
Ca	칼슘	주황색
Sr	스트론튬	진홍색
Ba	바륨	황록색
Cu	구리	청록색
B	붕소	초록색
Ga	갈륨	파란색
In	인듐	남색

09 루비와 사파이어는 같은 광물인 걸까?

그렇구나! 보석에 함유된 불순물이 색깔의 정체.
빛의 반사로 불순물의 원소가 빛난다!

빨갛게 빛나는 루비. 파랗게 빛나는 사파이어. 저마다 아름다운 색을 띠는 보석이지만, 사실 **이 두 가지는 주성분이 같은 광물로 만들어진 것이다.** 이렇게 보이는 현상은 빛의 구조와 관련되어 있다.

예를 들어 나뭇잎이 초록색으로 보이는 것은 나뭇잎에 포함된 물질이 빨간색과 파란색은 흡수하고 초록색은 반사해 반사된 빛만이 우리 눈에 들어오기 때문이다. 이렇듯 함유된 물질에 따라서 우리 눈에 보이는 색이 달라진다.

보석의 경우, 대부분은 **보석에 함유된 극소량의 불순물, 즉 금속 원소로 색이 결정된다**(그림 1). 루비와 사파이어는 커런덤이라고 하는 광물에서 만들어진다. 커런덤 자체는 산화 알루미늄으로 이루어진 무색의 투명한 결정인데, **금속 원소인 크로뮴이 1% 정도 함유되면 빨갛게 빛나는 루비가 되는 것이다.**

빛이 닿으면 크로뮴 전자는 초록색의 빛에너지를 흡수해 불안정한 상태가 된다(들뜬상태). 크로뮴 전자는 곧바로 안정한 상태로 돌아가려고 하며 밖으로 빨간색 빛에너지를 방출하기 때문에, 루비는 빨갛게 빛나는 것처럼 보이는 것이다(그림 2).

사파이어도 마찬가지로, 커런덤에 1% 정도 타이타늄과 철이 함유되면 **타이타늄과 철의 원자가 파란색 이외의 빛은 흡수하므로 우리 눈에는 파랗게 빛나는 것처럼 보이는 것이다.**

보석의 색은 1%의 불순물로 결정된다!

▶ 보석과 원소의 관계 (그림 1)

보석의 색은 대부분 불순물로 함유된 금속 원소가 만들어낸다.

보석 이름	주성분 원소	색을 만드는 원소	보석의 색
루비	커런덤 (알루미늄+산소)	크로뮴	빨간색
사파이어		타이타늄, 철	파란색
자수정	석영 (규소+산소)	철	보라색
장미수정(로즈쿼츠)		타이타늄	분홍색
에메랄드	녹주석 (베릴륨+알루미늄+ 규소+산소)	크로뮴, 바나듐	초록색
아쿠아마린		철	파란색

▶ 루비가 빨갛게 빛나는 원리 (그림 2)

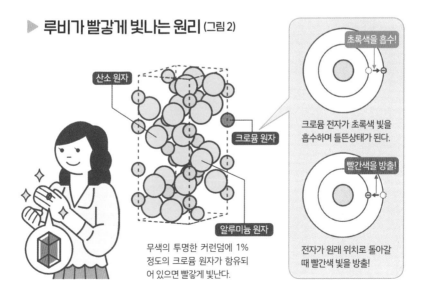

산소 원자

크로뮴 원자

알루미늄 원자

무색의 투명한 커런덤에 1% 정도의 크로뮴 원자가 함유되어 있으면 빨갛게 빛난다.

초록색을 흡수!

크로뮴 전자가 초록색 빛을 흡수하며 들뜬상태가 된다.

빨간색을 방출!

전자가 원래 위치로 돌아갈 때 빨간색 빛을 방출!

원소가 색을 칠한 아름다운 보석

원소 이름 탄소, 산소, 소듐, 알루미늄, 규소, 황, 칼슘, 타이타늄, 크로뮴, 망가니즈, 철

사람들의 마음을 매혹하는 아름다운 보석을 소개한다. 함유된 원소에 따라 서로 다른 보석이 되는 경우도 있으므로, 그 구조도 살펴보도록 하자.

루비와 사파이어는 같은 원석에서

커런덤 **원소** 알루미늄, 산소

커런덤은 산화 알루미늄으로 이루어진 광물로, 다이아몬드 다음으로 단단하다. 크로뮴이 섞여 있으면 빨간색 루비가 되고, 철과 타이타늄이 섞여 있으면 파란색 사파이어가 된다.

루비
커런덤 + 크로뮴

사파이어
커런덤 + 철과 타이타늄

황금 다음으로 가치가 있다

청금석 **원소** 소듐, 황, 알루미늄, 규소 등

소듐, 황 등 여러 광물이 섞여 있는 돌. 파란색은 황이 내는 색이고, 황철석이 섞여 있으면 금색 반점이 생긴다.

▲ 고대 이집트인은 금과 은 다음으로 가치가 있는 돌이라고 생각했다.

색이 계속 변한다

물이 약 10% 함유된 규산염 광물(규소와 산소가 주성분). 원래 무색(유백색)이지만 불순물 때문에 여러 색이 나타나며, 바라보는 방향이 바뀌면 색이 변하는 유색 효과(play of color)가 있는 돌도 있다.

오팔 　원소　규소, 산소

▶ 무지개 색으로 빛나는 유색 효과가 있는 돌을 프레셔스 오팔(precious opal)이라고 한다.

땅속 깊은 곳에서 생성

탄소의 동소체. 땅속의 맨틀에서 높은 열과 압력을 받은 탄소 원자가 강하게 결합해 화산 분화 등으로 단번에 지표면 가까이로 이동하는 과정에서 만들어진다.

다이아몬드 　원소　탄소

▶ 굴절률이 높아 내부에서 빛을 잘 반사하기 때문에 반짝거린다.

원소에 따라 색이 변한다

가넷은 석류석(규산염 광물)에서 만들어지고, 어떤 원소가 포함되었는지에 따라 색이 달라진다. 만반 석류석에는 망가니즈 등이 함유되어 주황색을 띠고, 회반 석류석에는 칼슘 등이 함유되며, 크로뮴이 함유되어 초록색을 띠는 돌도 있다.

만반 석류석(오렌지 가넷)

원소　망가니즈, 알루미늄, 규소 등

회반 석류석(그린 가넷)

원소　칼슘, 알루미늄, 규소, 크로뮴 등

10 지구는 어떤 원소로 이루어져 있을까?

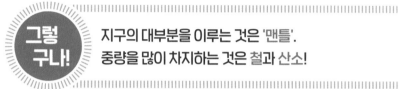

그렇구나! 지구의 대부분을 이루는 것은 '맨틀'.
중량을 많이 차지하는 것은 철과 산소!

지구는 어떤 원소로 이루어져 있을까?

지구는 크게 물, 대기, 고체 부분(지각·맨틀·핵)**으로 나눌 수 있다.** 물의 행성이라고 불리는 만큼 지표의 3분의 2 이상은 '바다'다. 해수의 약 97%는 물, 약 3%는 염화 소듐, 염화 마그네슘 등 염분이다. 대기권의 약 78%는 질소, 약 20%는 산소, 약 0.9%는 아르곤이다. 다만 물과 대기는 지구 전체의 무게 관점에서 보면 매우 작은 부분을 차지한다.

이제 고체 부분을 살펴보자. '**지각**'은 지표라고도 하며, **산소와 규소를 주성분으로** 하는 규산염 광물로 이루어져 있다. 표층은 알갱이가 작은 현무암, 심층은 화강암과 흑색 암석인 반려암으로 이루어져 있는데, 둘 다 마그마, 즉 맨틀이 녹은 후 식어서 굳어진 것이다.

지각 아래에 있는 것은 '**맨틀**'이다. 규산염 광물의 일종이자 **산소와 규소 외에도 철과 마그네슘**이 주성분인 감람석으로 이루어져 있다. 맨틀은 고체이지만 천천히 움직이고 있다. 마지막으로 지구의 '**핵**'은 **철과 니켈의 합금**으로 이루어져 있다. 지구의 중심인 내핵은 고체이고 외핵은 금속이 녹은 액체 상태다.

즉, **지구 전체의 질량 관점에서 보면 지구의 대부분은 철과 산소 원소로 이루어져 있다**(오른쪽 그림).

지구의 중심은 철과 니켈의 합금

▶ 지구를 이루는 주요 원소와 각 원소의 중량비

핵(32.4%)

핵의 반지름은 약 3500km. 중심에 해당하는 내핵은 고체이고 외핵은 액체다. 중심은 364만 기압, 5500도의 고온이다.

기권(0.00009%)

지구를 둘러싼 대기권. 약 78%가 질소이고, 약 20%가 산소다.

수권(0.024%)

지구 표면에서 물이 차지하는 부분. 그중 97%가 해수로, 해수는 약 3%의 염분을 포함한다.

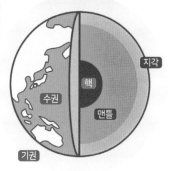

지구 각 부분과 중량비

지각 / 핵 / 수권 / 맨틀 / 기권

지각(0.4%)

대륙의 두께는 약 30~60km. 표층의 현무암과 심층의 화강암(주성분은 산소, 규소) 등으로 이루어져 있다.

맨틀(67.2%)

두께는 약 2900km. 감람석 등 규산염 광물(산소, 규소, 마그네슘 등)로 이루어져 있다.

※ 중량비는 B. Mason(1970)을 참고했다.

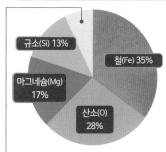

고체 부분을 이루는 각 원소의 중량비

규소(Si) 13% / 철(Fe) 35% / 마그네슘(Mg) 17% / 산소(O) 28%

니켈(Ni)	2.7%
황(S)	2.7%
칼슘(Ca)	0.6%
알루미늄(Al)	0.4%
기타	0.6%

지구 전체 관점에서 보면 지구는 주로 철과 산소로 구성되어 있다는 것을 알 수 있다.

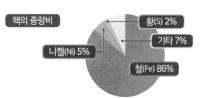

핵의 중량비

황(S) 2% / 기타 7% / 니켈(Ni) 5% / 철(Fe) 86%

맨틀의 중량비

기타 7% / 철(Fe) 6% / 규소(Si) 21% / 산소(O) 44% / 마그네슘(Mg) 23%

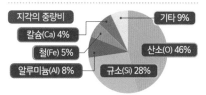

지각의 중량비

기타 9% / 칼슘(Ca) 4% / 철(Fe) 5% / 산소(O) 46% / 알루미늄(Al) 8% / 규소(Si) 28%

11 인공 원소란 무엇일까? 어떻게 만들까?

그렇구나! 인공 원소는 신(新)원소를 찾는 과정에서 만들어진 것. 인류 최초의 인공 원소는 '테크네튬'!

예로부터 인간은 원소를 찾기 위해 노력했다. 그 결과 발견한 원소가 보이는 주기성에 주목해 원소 주기율표를 만들었고, 아직 발견되지 않았지만 존재할 법한 원소는 주기율표에 빈칸으로 남겨두었다(→ 24쪽).

이후에 원소가 하나씩 발견되면서 그러한 빈칸은 채워졌지만, 좀처럼 발견되지 않는 원소도 있었다. 그러자 연구자들은 **'자연에서 찾을 수 없다면 새로운 원소를 인공적으로 만들면 되지 않을까?'**라고 생각하게 되었다.

그러면서 신원소는 **원자 번호가 큰 원소에 양성자를 집어넣으면 만들 수 있을 것이라고 가설을 세웠다.** 그리고 1937년 빈칸에 해당하는 원자 번호 43번 원소를 만들기 위해서 가속기(그림 1)를 이용해 원자 번호 42번인 몰리브데넘에 중수소의 원자핵(양성자 1개와 중성자 1개)을 충돌시켜서 미발견 원소인 43번 원소를 인공적으로 만들어냈다(그림 2). 그 원소가 바로 **테크네튬**이다. 원소 이름은 '인공적'이라는 뜻의 'technikos'에서 유래되었다.

1940년 당시에는 원자 번호 92번인 우라늄 이후의 원소는 비어 있었는데, **가속기를 이용하자 인공 원소가 하나씩 발견되기 시작했다.** 참고로 인공 원소는 모두 방사성 원소로, 대부분이 자연에 존재하지 않는다. 현재 원소 주기율표는 원자 번호 118번까지 채워져 있고, 연구자들은 119번, 120번 원소를 합성해내는 데 도전하고 있다.

인공 원소는 원자핵을 충돌시켜서 합성

▶ 가속기의 원리 (그림1)

가속기란 전자나 양성자 같은 입자를 전기나 자석의 힘으로 가속시켜서 높은 에너지의 입자로 만드는 장치다.

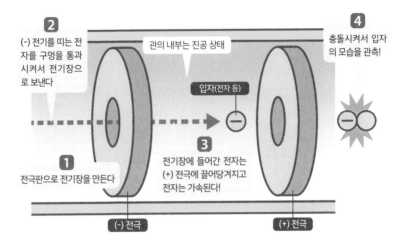

2 (-) 전기를 띠는 전자를 구멍을 통과시켜서 전기장으로 보낸다

관의 내부는 진공 상태

입자(전자 등)

4 충돌시켜서 입자의 모습을 관측!

3 전기장에 들어간 전자는 (+) 전극에 끌어당겨지고 전자는 가속된다!

1 전극판으로 전기장을 만든다

(-) 전극

(+) 전극

▶ 테크네튬을 만드는 방법 (그림 2)

테크네튬은 가속시킨 중수소의 원자핵을 몰리브데넘에 쪼이는 실험을 통해 만들어졌다.

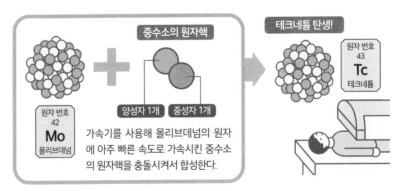

중수소의 원자핵

테크네튬 탄생!

원자 번호 43
Tc
테크네튬

양성자 1개   중성자 1개

원자 번호 42
Mo
몰리브데넘

가속기를 사용해 몰리브데넘의 원자에 아주 빠른 속도로 가속시킨 중수소의 원자핵을 충돌시켜서 합성한다.

테크네튬과 같은 방사성 원소는 체내에 투사해 병을 진단하는 'RI 검사'에 이용된다.

12 일본의 원소? '니호늄'이란?

아연과 비스무트를 충돌시켜 합성한, 원자 번호가 113번인 신원소!

일본의 연구자도 인공 원소를 만들어냈다.

인공 원소를 만드는 데 열쇠를 쥐고 있는 것은 **가속기**다. 원소는 각자 고유의 수만큼 양성자를 가지고 있다. 예를 들어 '원자 번호 120번=양성자가 120개인 원소'인 것이다. 그리고 **새로운 원소를 만든다는 것은 그 숫자만큼 양성자를 가지는 원자핵을 인공적으로 만드는 일**이다. 가속기를 이용해 원자핵을 가속시켜서 두 가지 원자의 원자핵을 충돌시키고 결합해서, 원하는 양성자 수를 가진 인공 원소를 만드는 것이다.

일본의 이화학연구소가 만들고자 한 인공 원소는 '원자 번호가 113번인 원소'. **원자 번호가 30번인 아연과 83번인 비스무트의 원자핵을 결합해 양성자를 113개 가지는 원소를 만들어냈다**(오른쪽 그림).

하지만 원자핵은 아주 작으므로 충돌시키기 매우 어렵다. 실험에서는 아연의 원자핵을 비스무트에 1초 동안 2조 5000억 개 충돌시켰다. 575일 동안 실험을 계속한 끝에, 113번 원소 3개를 합성해낼 수 있었다.

113번째 원소는 2004년에 처음으로 합성되었고, 2016년에 연구팀은 일본이라는 국가명과 연관 지어 '**니호늄**(원소 기호 Nh)'이라는 이름을 붙였다. 니호늄의 수명은 1000분의 2초로 아주 짧으며 어떤 화학적 성질을 지니고 있는지는 밝혀지지 않았다고 한다.

▶ 니호늄이 만들어지기까지

원자 번호가 30번인 아연과 83번인 비스무트를 충돌시켜서 양성자를 113개 가지는, 즉 원자 번호가 113번인 신원소를 만들었다.

113번 원소를 만드는 원리

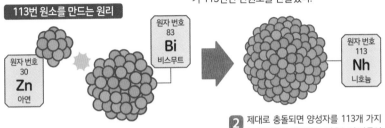

1 아연의 원자핵을 광속의 10%까지 가속시켜서 비스무트에 충돌시킨다.

2 제대로 충돌되면 양성자를 113개 가지는 원자핵이 합성되고, 니호늄이 만들어진다(바로 사라진다).

니호늄은 이렇게 발견되었다

실험에서 니호늄은 합성된 후에 원자핵 붕괴를 일으켜서 순식간에 다른 원소로 바뀐다. 연구팀은 이 방사성 붕괴 과정을 관측해 113번 원소가 존재한다는 것을 증명했다.

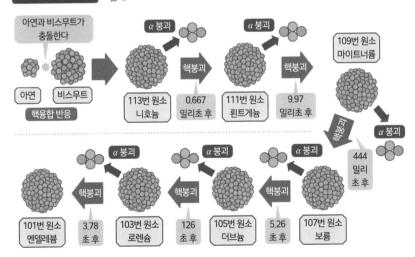

α 붕괴란 방사성 원소가 자연스럽게 다른 원소로 변하는 현상 중에서, α 입자[헬륨 4(헬륨의 동위 원소로 양성자와 중성자를 각각 2개씩 가진다.-옮긴이)의 원자핵]를 방출해 다른 원소로 바뀌는 현상을 가리킨다. 실험에서는 113번 원소에서 시작된 연쇄적인 α 붕괴를 세 번 관측하면서 니호늄 발견으로 이어졌다.

Q 왜 '닛포늄'이 아니라 '니호늄'일까?

| 사용된 적이 있다 | 또는 | 외국 연구자가 발음하기 어렵다 | 또는 | 원소 기호를 Nh로 하고 싶다 | 또는 | 어감이 좋다 |

이화학연구소는 113번 원소를 발견하며 원소 이름을 지을 수 있는 권리를 얻어 '니호늄'이라고 이름을 붙였다. 그렇다면 왜 '닛폰'이나 '재팬'이 아닌 '니혼'과 연관 지어 이름을 정한 것일까?

니호늄을 발견한 것은 이화학연구소의 니시나 가속기 연구센터 초중원소 연구팀 중 모리다 고스케를 중심으로 한 연구팀이다. 학회에 제안할 이름 후보를 '니호늄'으로 정하기까지 연구자들 사이에서는 여러 대화가 오갔다고 한다.

예를 들어 **'자포니움'**이라는 후보도 있었는데, 신원소 발견 연구를 시작한 2000년에는 그 연구를 '자포니움 계획'이라고 부르기도 했다. 하지만 일본어로 된 이름이 좋겠다는 의견이 있어서 후보에서 제외되었다.

그렇다면 왜 '닛포늄'이라고 하지 않았을까? 사실 **'닛포늄'은 예전에 원소 주기율표에 실린 적이 있는 이름**이다. 런던대학교에서 연구 중이던 오가와 마사타카는 토리아나이트라는 광물을 이용해 신원소를 발견했고, 그 원소는 1909년 43번 원소인 '닛포늄'으로 주기율표에 이름을 올렸다.

오가와는 '닛포늄'이 42번 원소인 몰리브데넘과 44번 원소인 루테늄 사이에 있는 43번 원소라고 생각했다. 하지만 안타깝게도 그것은 틀린 생각이었다. 1937년 43번 원소는 '테크네튬'이라고 판명된 것이다. 그렇게 **닛폰늄은 주기율표에서 삭제되었다.**

사실 **원소의 이름에 대한 규칙 중에는 '과거에 사용된 이름은 다시 사용하지 않는다'**가 있다. 그런 이유로 113번 원소 이름에 '닛포늄'을 쓰지 못한 것이다. 따라서 정답은 '사용된 적이 있다'다. 참고로 오가와가 발견한 신원소는 이후에 분석해본 결과, 주기율표에서 43번 원소의 한 줄 아래에 위치하며 당시에는 미발견 신원소였던 75번 원소인 **'레늄'**※으로 밝혀졌다.

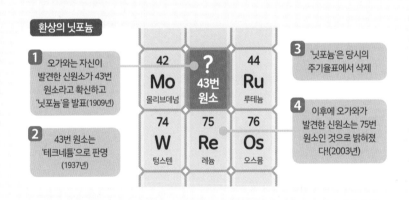

환상의 닛포늄

1 오가와는 자신이 발견한 신원소가 43번 원소라고 확신하고 '닛포늄'을 발표(1909년)

2 43번 원소는 '테크네튬'으로 판명 (1937년)

42 Mo 몰리브데넘	? 43번 원소	44 Ru 루테늄
74 W 텅스텐	75 Re 레늄	76 Os 오스뮴

3 '닛포늄'은 당시의 주기율표에서 삭제

4 이후에 오가와가 발견한 신원소는 75번 원소인 것으로 밝혀졌다!(2003년)

※ 레늄은 1925년에 발견되었다.

13 연필심과 다이아몬드, 같은 원소로 이루어져 있다?

그렇구나! 동일한 '탄소' 원소로 이루어져 있다.
같은 원소지만 구조가 다르면 성질도 다르다!

연필심과 다이아몬드는 둘 다 '탄소'로 이루어진 물질이다. 잘 부러지는 연필심과 아주 단단한 다이아몬드. 모습도 성질도 다른 두 물질이 같은 원소로 이루어졌다는 사실이 신기할 따름이다.

한 가지 원소로 이루어진 물질을 '홑원소 물질'이라고 한다. 같은 종류의 원소로 이루어진 홑원소 물질 중에서 **서로 성질이 다른 물질을 '동소체'라고 한다**(오른쪽 그림). 연필심과 다이아몬드는 둘 다 아주 많은 탄소 원소가 결합해 만들어진 물질인데, 탄소 원자의 배열 방식과 결합 방식에 따라 성질이 달라진다.

연필심은 '흑연'이라고 한다. 흑연은 탄소 원자가 평면적으로 연결되고, 그렇게 만들어진 층이 몇 개씩 겹쳐져서 만들어진 것이다. 탄소 원자끼리는 서로 전자를 내놓으며 공유하고 결합하는 '공유 결합'으로 강하게 연결되어 있지만, 탄소 층끼리는 연결이 약해서 쉽게 부러지고 만다. 이렇게 **부러지기 쉬운 성질을 이용해 연필심으로 글씨를 쓰는 것이다.**

한편 다이아몬드는 탄소 원자가 규칙적이고 입체적으로 나열되어 있다. **탄소 원자가 빈틈없이 공유 결합해 강하게 연결되어 있으므로 매우 단단하다.**

이 외에도 구성하는 물질의 구조에 따라 성질이 달라지는 예는 많은데, 산소에도 무색무취의 기체인 '산소 가스'와 비린내가 나고 유해한 '오존'이라는 동소체가 있다.

원자의 배열 방식이 다르면 성질도 다르다

▶ 동소체란?

같은 원소로 이루어진 물질 중에서 성질이 서로 다른 물질. 탄소 동소체로는 '흑연', '다이아몬드' 등이 있다.

흑연(연필심)의 구조

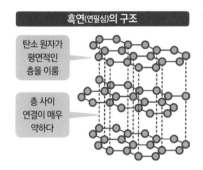

탄소 원자가 평면적인 층을 이룸

층 사이 연결이 매우 약하다

탄소 원자가 육각형의 그물망 모양을 만들며 평면적으로 결합해 층을 이룬다. 층끼리는 약하게 연결되어 있어서 전자가 자유롭게 이동한다.

이 구조에 따른 특성
- 층이 부러지기 쉽다
- 검정색 광택이 있다
- 전기가 통한다

다이아몬드의 구조

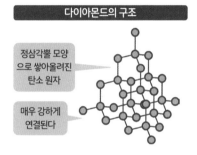

정삼각뿔 모양으로 쌓아올려진 탄소 원자

매우 강하게 연결된다

정삼각뿔 모양으로 탄소 원자가 쌓아올려져, 원자 사이가 빈틈없이 공유 결합하고 있다. 이러한 구조 때문에 전자가 자유롭게 이동하지 못한다.

이 구조에 따른 특성
- 매우 단단하다
- 무색투명하고 광택이 있다
- 전기가 통하지 않는다

다이아몬드의 공유 결합

비금속 원소는 전자를 흡수해서 채워진껍질 상태에 가까워지려는 성질이 있기 때문에, 원자끼리는 전자를 공유해 연결된다(공유 결합). 원자의 결합이 강해 매우 단단해진다.

탄소 원자의 최외각 전자는 4개

원자들은 자신이 가진 전자를 서로 공유해 연결된다(공유 결합)

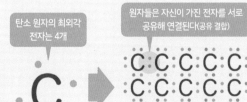

14 조명과 원소 ①
LED 조명의 구조

그렇구나! 갈륨을 비롯한 여러 원소로 이루어진
화합물 반도체의 결합부가 빛을 낸다!

우리의 일상생활을 밝혀주는 조명. 과연 조명에는 어떤 원소가 관련되어 있을까? 우선 LED 조명에 대해 알아보자.

LED는 '발광 다이오드'라고도 하며, 전기를 빛으로 변환시켜 주변을 밝히는 장치다. 두 종류의 반도체를 붙여서 전류를 흘려보내면, 반도체를 이루는 재료나 첨가물에 따라 접합부에서 빛에너지가 방출되는 구조다. LED에 주로 사용되는 것은 금속 원소인 **갈륨과 비소, 갈륨과 질소** 등 여러 원소로 이루어진 화합물 반도체다.

LED에서 방출되는 빛은 이 화합물에 따라 결정된다. 1962년에 갈륨, 인, 비소로 이루어진 반도체로 빨간색 빛을 내는 LED가 발명되었고, 그 후에 여러 원소의 조합으로 노란색, 파란색 빛을 내는 LED도 발명되었다. 지금은 **흰색 빛이나 풀컬러의 빛을 낼 수 있다**(그림 1).

LED 조명의 흰색 빛은 빨간색, 파란색, 초록색 빛으로 만들 수도 있지만, 일반적으로는 '형광체 변환법'이라는 방식을 사용한다. **파란색 LED가 방출하는 파란색 빛으로 노란색 형광체가 빛을 내게 만드는 원리다**(그림 2). 파란색과 노란색은 보색 관계이므로, 인간의 눈에는 파란색과 노란색이 섞이면 흰색으로 보이는 것이다. 파란색 LED에는 **인듐, 갈륨, 질소**를 사용한 반도체가, 노란색 형광체에는 **세륨을 첨가한 이트륨과 알루미늄 산화물**이 주로 사용된다.

파란색 LED로 풀컬러를 실현한다

▶ LED 조명의 구조와 발명의 역사 (그림1)

LED 칩에 전기를 흘려보내면 p형 반도체와 n형 반도체(→ 117쪽)의 결합부에서 전자와 양공이 충돌해 빛을 방출한다.

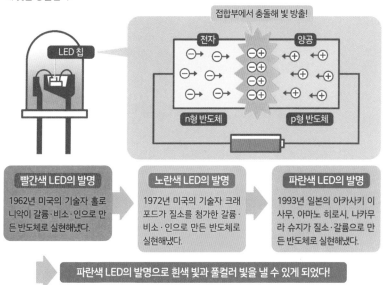

접합부에서 충돌해 빛 방출!

전자   양공

n형 반도체   p형 반도체

빨간색 LED의 발명
1962년 미국의 기술자 홀로니악이 갈륨·비소·인으로 만든 반도체로 실현해냈다.

노란색 LED의 발명
1972년 미국의 기술자 크래포드가 질소를 첨가한 갈륨·비소·인으로 만든 반도체로 실현해냈다.

파란색 LED의 발명
1993년 일본의 아카사키 이사무, 아마노 히로시, 나카무라 슈지가 질소·갈륨으로 만든 반도체로 실현해냈다.

파란색 LED의 발명으로 흰색 빛과 풀컬러 빛을 낼 수 있게 되었다!

▶ 흰색 LED 조명의 원리 (그림2)

LED로 흰색 빛을 내는 방법에는 여러 가지가 있는데, 파란색 LED와 노란색 형광체를 조합해 흰색 빛을 만드는 '형광체 변환법'이 일반적으로 쓰인다.

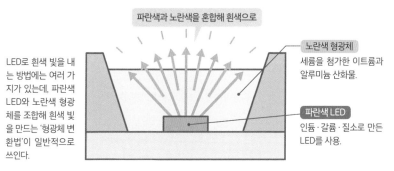

파란색과 노란색을 혼합해 흰색으로

노란색 형광체
세륨을 첨가한 이트륨과 알루미늄 산화물.

파란색 LED
인듐·갈륨·질소로 만든 LED를 사용.

15 조명과 원소 ②
전구와 형광등의 구조는?

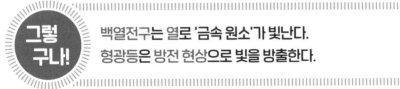

그렇구나!

백열전구는 열로 '금속 원소'가 빛난다.
형광등은 방전 현상으로 빛을 방출한다.

가정에서 사용하는 조명인 백열전구와 형광등도 원소의 힘으로 빛을 낸다.

백열전구는 '열'로 빛을 방출한다(그림 1). 전구는 전기가 흐르면 금속 원소인 **텅스텐**으로 만들어진 필라멘트가 뜨거워져서 빛을 내는 구조다. 흘러들어온 전자가 텅스텐 원소와 충돌하고, 그 마찰(원자의 진동)로 발열·발광이 일어나는 것이다. 텅스텐은 고온에서도 쉽게 녹거나 연소하지 않기 때문에 전구에는 꼭 필요한 원소다. 금방 연소되지 않도록 화학 반응이 쉽게 일어나지 않는 원소인 **아르곤** 가스가 전구 안에 채워져 있다.

형광등은 내부에서 만들어지는 '자외선'을 이용해 빛을 방출한다(그림 2). 형광등의 전극에는 발광체가 있고, 형광등 내부는 금속 원소인 **수은**이 증기 형태로 채워져 있으며, 내부의 벽에는 형광물질이 발라져 있다.

여기에 전기를 흘러보내면 전극에서 전자가 방출되고('방전'이라고 한다), 전자가 수은 원자에 부딪히면 자외선이 나온다. 자외선은 눈에 보이지 않는 빛이지만 형광물질과 만나서 빛을 내는 것이다. 발광체에는 **텅스텐** 형광물질에는 **안티모니**나 **망가니즈** 등을 첨가한 **할로인산칼슘**(인, 칼슘, 플루오린 등)이 발라져 있다.

우리나라에서는 2014년에 가정용 백열전구의 생산과 수입이 중단되었고, 2028년부터는 최저 소비효율 기준에 미달하는 형광등은 생산과 수입이 금지될 예정이다.

지금까지 사용된 조명에서는 텅스텐이 활약

▶ 백열전구의 구조 (그림 1)

발광체인 필라멘트에 전기가 흐르면 뜨거워져서
빛을 방출한다.

발광체는 금속 원소인 텅스텐으로 만든 것이
다. 약 2500℃로 열을 받으면 빛을 방출한다!

발광체인 필라멘트를 오래 유
지하기 위해서 다른 물질과
화학 반응을 거의 일으키지
않는 원소인 아르곤을 기체
형태로 채운다.

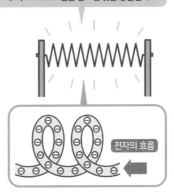

전자의 흐름

▶ 형광등의 구조 (그림 2)

형광등 안에서 만들어진 자외선을 빛으로 변환한다.

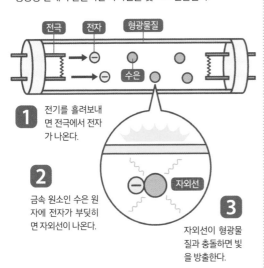

전극   전자   형광물질

수은

1 전기를 흘려보내
면 전극에서 전자
가 나온다.

2 금속 원소인 수은 원
자에 전자가 부딪히
면 자외선이 나온다.

자외선

3 자외선이 형광물
질과 충돌하면 빛
을 방출한다.

왜 자외선이 나오는가?

②에서 수은 원자에 전자가 부
딪히면 수은 원자는 들뜬상태
가 된다. 그리고 들뜬상태에서
원래 상태로 돌아갈 때 자외선
이 방출된다.

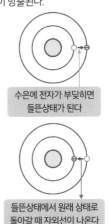

수은에 전자가 부딪히면
들뜬상태가 된다

들뜬상태에서 원래 상태로
돌아갈 때 자외선이 나온다

16 원자력 발전에는 어떤 원소를 사용할까?

그렇
구나!
중성자를 충돌시키면 핵분열하는 성질이 있는
우라늄, 플루토늄 등이 사용된다!

원자력 발전에는 어떤 원소가 사용되고 있을까?

원자력 발전에서는 핵연료에서 나오는 열에너지를 이용해 물을 끓이고 그 수증기로 터빈을 돌려서 전기를 생산한다. **핵연료에는 우라늄이나 플루토늄 같은 방사성 원소가 사용된다.** 그럼 열에너지는 어떻게 발생시키는지 알아보자.

핵연료가 우라늄인 경우에는 동위 원소인 우라늄 235를 이용한다. 중성자를 우라늄 원소에 충돌시키면 원자핵이 분열하면서 엄청난 양의 에너지가 발생한다. 분열이 일어날 때 핵의 파편 2개와 중성자 2~3개가 나오는데, 이 중성자를 또 다른 우라늄 235에 충돌시킨다. 이런 식으로 분열 반응을 계속 일으키면 계속 열에너지를 얻을 수 있다(그림 1). **1g의 우라늄에서 석유 2000L를 연소시켰을 때와 비슷한 정도의 열이 발생한다.**

원자로에서는 중성자가 우라늄과 잘 충돌하도록 '감속재'를 이용해 속도를 떨어뜨린다. 핵분열 연쇄 반응의 개시, 정지, 출력을 조정하기 위해서는, 중성자를 잘 흡수하는 **하프늄 등의 '제어봉'**을 사용한다. 감속재로는 평범한 물을 사용한다. **하프늄**은 금속 원소로 중성자를 흡수하는 단면적이 넓다(그림 2).

플루토늄은 원자력 발전 과정에서 만들어지는데, 우라늄과 섞여 핵연료로 사용되거나 고속 증식로의 연료로 이용된다(→ 148쪽).

우라늄과 플루토늄은 핵연료로 사용된다

▶ 핵분열이 에너지를 발생시키는 구조 (그림1)

핵분열을 연속적으로 일으켜서 막대한 양의 에너지를 얻는다(핵분열 연쇄 반응).

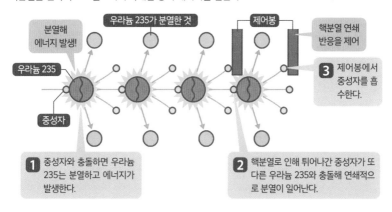

우라늄 235가 분열한 것

제어봉

분열해
에너지 발생!

우라늄 235

중성자

핵분열 연쇄
반응을 제어

3 제어봉에서
중성자를 흡
수한다.

1 중성자와 충돌하면 우라늄
235는 분열하고 에너지가
발생한다.

2 핵분열로 인해 튀어나간 중성자가 또
다른 우라늄 235와 충돌해 연쇄적으
로 분열이 일어난다.

▶ 원자력 발전의 구조 (그림2)

화력 발전과 마찬가지로 물을 끓여서 증기를 만들
고 터빈을 돌려서 전기를 생산한다.

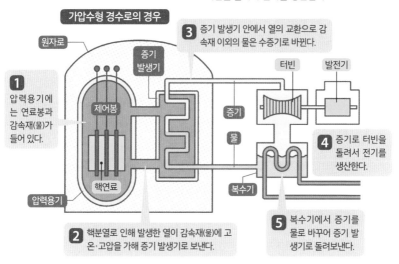

가압수형 경수로의 경우

3 증기 발생기 안에서 열의 교환으로 감
속재 이외의 물은 수증기로 바뀐다.

원자로

증기
발생기

터빈

발전기

1
압력용기에
는 연료봉과
감속재(물)가
들어 있다.

제어봉

증기

물

핵연료

4 증기로 터빈을
돌려서 전기를
생산한다.

복수기

압력용기

2 핵분열로 인해 발생한 열이 감속재(물)에 고
온·고압을 가해 증기 발생기로 보낸다.

5 복수기에서 증기를
물로 바꾸어 증기 발
생기로 돌려보낸다.

Q 최초의 원소가 만들어진 것은 우주가 탄생한 후 얼마나 지나서일까?

1만 분의 1초 후	또는	3분 후	또는	약 38만 년 후

우주는 약 138억 년 전에 탄생한 것으로 알려져 있다. 그리고 가장 최초로 만들어진 원소는 수소와 헬륨이다. 그렇다면 이 두 원소가 만들어지기까지 시간이 얼마나 걸렸을까?

원소란 '수소', '산소'와 같은 '원자의 종류'를 가리킨다(→ 20쪽). 즉, '원자의 탄생=원소의 탄생'이라고 할 수 있다. 그렇다면 우주에는 어떻게 원소(=원자)가 생겨났는지 알아보도록 하자.

우주가 탄생하고 10^{-36}초~10^{-34}초 후에, 바이러스 크기의 공간이 순식간에 10^{26}배(1경의 100억 배)로 급격히 팽창했고, 1경℃의 1조 배 온도의 **'불덩어리'**가 탄생했다. 그리고 그 안에서 광자, 전자, 중성미자 등 소립자가 나타났다. **소립자란 물질을 구성하는 가장 작은 입자를 가리키는데 원자보다 작다.** 사실 전자의 정체는 소립자이며, 빛도 광자(빛을 만드는 입자)라는 이름의 소립자다.

아주 높은 온도의 불덩어리는 **'빅뱅'**이라고 하는 더욱 강력한 팽창을 일으키면서 온도를 떨어뜨렸다. **우주가 탄생한 지 약 1만 분의 1초 후에** 쿼크와 글루온이라는 소립자에서 양성자와 중성자가 만들어졌다. 양성자는 수소의 원자핵이다.

우주가 탄생한 지 약 3분 후. 불덩어리 안에서 양성자와 중성자가 결합하는 핵융합 반응이 일어났고, 헬륨의 원자핵이 만들어졌다. 이 단계에서 원자의 재료인 양성자, 중성자, 전자가 모두 준비되었지만 아직 원자는 만들어지지 않았다. 그리고 **우주가 탄생한 지 약 38만 년 후.** 우주의 온도가 약 5000℃일 때, 헬륨 원자핵과 전자가 결합해 헬륨 원자가 만들어졌고, 약 4000℃일 때는 수소 원자가 만들어진 것으로 본다. **초기 우주의 중량비는 수소 75%, 헬륨 25%였다**고 한다. 따라서 정답은 우주가 탄생한 지 '약 38만 년 후'다.

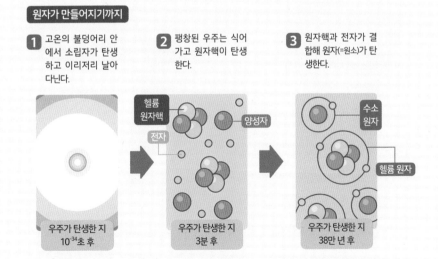

원자가 만들어지기까지

1 고온의 불덩어리 안에서 소립자가 탄생하고 이리저리 날아다닌다.

2 팽창된 우주는 식어가고 원자핵이 탄생한다.

3 원자핵과 전자가 결합해 원자(=원소)가 탄생한다.

헬륨 원자핵

전자

양성자

수소 원자

헬륨 원자

우주가 탄생한 지 10⁻³⁴초 후

우주가 탄생한 지 3분 후

우주가 탄생한 지 38만 년 후

17 별이 폭발하며 여러 원소가 탄생했다?

그렇구나! 항성의 중심부에서 일어난 핵융합 반응으로, 탄소나 철 같은 다양한 원소가 탄생했다!

우주에서 처음으로 만들어진 원소는 수소와 헬륨이다(→ 60쪽). 그렇다면 다른 원소들은 어떻게 탄생했을까?

빅뱅으로 만들어진 수소와 헬륨은 원자가 서로를 끌어당겨서 한데 모여 '구름'을 이룬다. 원자가 계속 모여서 구름의 중심부가 고밀도·고온이 되어 원자핵이 융합하기 시작하면, 안정한 핵융합 반응이 연달아 일어나서 천체인 항성이 탄생한다.

이러한 항성의 핵융합 반응에 따라 다양한 원소가 만들어지는 것이다. 수소의 원자핵끼리 결합하면 헬륨 원자핵이 만들어진다. 헬륨은 항성의 중심부에 쌓여서 별을 더욱 무겁게 만들고 온도도 더욱 높인다. 마침내 수소가 모두 소진되어 적색 거성이 되면, 헬륨 원자에서 핵융합 반응이 시작되고 **탄소**가 만들어진다.

질량이 태양 정도인 별이라면 원소가 만들어지는 과정이 여기서 끝나지만, 태양보다 무거운 별에서는 탄소에서 **네온**이 만들어지고, 네온에서 **산소**가 만들어지며 원소의 합성이 계속되다가 **철**이 만들어지는 무렵에 별은 최후를 맞이한다. 초신성 폭발이 일어나 폭발 에너지로 철보다 무거운 원소가 만들어지고, 별에서 만들어진 원소가 우주 공간으로 퍼뜨려지는 것이다(오른쪽 그림).

이렇게 탄생한 원소가 태양과 우리가 살고 있는 지구를 만들었다.

초신성 폭발이 많은 원소를 만들었다

▶ 다양한 원소가 만들어지는 과정

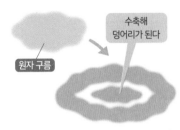

1 우주를 떠돌던 원자가 서로 끌어당기고 수축해 덩어리를 만든다.

2 덩어리의 중심에서 수소의 핵융합 반응이 일어나고 항성이 빛을 내기 시작한다.

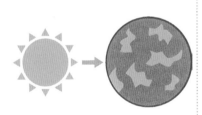

3 수소 핵융합 반응으로 만들어진 헬륨이 항성의 중심부에 모이고 적색 거성이 된다.

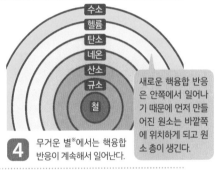

수소
헬륨
탄소
네온
산소
규소
철

새로운 핵융합 반응은 안쪽에서 일어나기 때문에 먼저 만들어진 원소는 바깥쪽에 위치하게 되고 원소 층이 생긴다.

4 무거운 별※에서는 핵융합 반응이 계속해서 일어난다.

퍼뜨려지는 원소

5 별이 폭발해 원소가 우주 공간으로 퍼뜨려진다. 초신성 폭발에서는 철보다 무거운 원소가 탄생한다.

원자

원자 구름

6 우주 공간으로 퍼뜨려진 원소는 다시 원자 구름을 만들고 다음 세대의 별의 재료가 된다.

※ 질량이 태양보다 8배나 큰 항성의 경우.

18 플루오린으로 가공된 프라이팬. 왜 눌어붙지 않을까?

그렇구나! 한 번 결합하면 웬만해서는 떨어지지 않는
플루오린의 성질을 이용하기 때문!

플루오린으로 가공된 프라이팬에는 음식물이 쉽게 눌어붙지 않는 것으로 알려져 있다. 프라이팬에도 '플루오린' 원소의 성질이 활용되고 있는 것이다.

플루오린으로 가공된 프라이팬은 **플루오린과 탄소로 이루어진 플루오린 수지로 코팅되어 있다**(그림 1). 플루오린과 탄소는 공유 결합을 통해 매우 강하게 연결된다. **플루오린은 분자 내에서 다른 원자를 끌어당기는 힘이 모든 원소 중에서 가장 강력해 다양한 원자와 단단히 결합한다.** 원자끼리 결합할 때 상대방의 전자를 끌어당기는 힘을 '전기 음성도'라고 하는데, 플루오린은 모든 원소 중에서 전기 음성도가 가장 높은 것이다. 그렇기 때문에 플루오린 수지는 한 번 결합하면 어지간해서는 서로 떨어지지도 않고 다른 물질과 새롭게 결합하지도 않는, 매우 안정한 물질이 된다. 따라서 프라이팬에 음식이 쉽게 눌어붙지 않는 것이다.

플루오린 수지는 1938년 미국의 뒤퐁사에서 연구 중에 우연히 발견한 것이다. 그리고 발견된 PTFE(폴리 테트라 플루오로 에틸렌)에 '테프론'이라는 이름을 붙였다. 플루오린 수지에는 다양한 특성이 있는데, 약품에 대한 내성이 강해 화학 업계에서, 절연성이 뛰어나 전기산업에서 폭넓게 활용되고 있다. 또한 발수성이 좋아서 아웃도어 의류에도 쓰이고 있다(그림 2).

'테프론'이라는 상품명으로 알려져 있다

▶ 플루오린으로 가공된 프라이팬의 구조 (그림 1)

플루오린 수지가 다른 물질과 새롭게 결합하지 않는다는 성질을 활용한다.

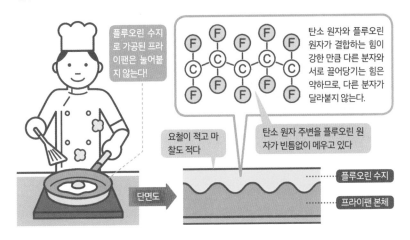

플루오린 수지로 가공된 프라이팬은 눌어붙지 않는다!

탄소 원자와 플루오린 원자가 결합하는 힘이 강한 만큼 다른 분자와 서로 끌어당기는 힘은 약하므로, 다른 분자가 달라붙지 않는다.

요철이 적고 마찰도 적다

탄소 원자 주변을 플루오린 원자가 빈틈없이 메우고 있다

단면도

플루오린 수지

프라이팬 본체

▶ 플루오린 수지의 활용 예 (그림 2)

플루오린 수지는 다른 물질이 달라붙지 않는다는 특성 외에도, 마찰계수가 작고 자외선에 변질되지 않는 등 다양한 성질이 있다.

방오성

오염 물질이 거의 달라붙지 않고 마찰이 작아서 터치 패널의 유리 표면을 플루오린으로 가공하기도 한다.

비점착성

물질이 달라붙지 않고 물을 튕겨낸다. 플루오린으로 가공한 섬유를 사용해 아웃도어 의류의 발수성을 높인다.

내후성

플루오린과 탄소의 결합은 자외선에 분리되지 않고 오염 물질도 달라붙지 않으므로 천장막에도 사용된다.

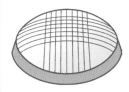

19 스마트폰은 어떤 원소로 이루어져 있을까?

그렇구나! 희토류 원소를 비롯한 다양한 원소로 이루어져 있다.
터치 패널은 인듐 덕분에 만들 수 있었다!

스마트폰에는 어떤 원소가 사용될까?

먼저 스마트폰에 사용되는 작고 가벼운 대용량 전원인 리튬 이온 전지는 금속 원소인 **리튬과 코발트** 등으로 만들어진다. 전기를 축적하거나 방출하는 부품인 콘덴서에는 **탄탈럼**이라는 금속 원소를 사용한다. 탄탈럼은 가장 먼저 백열전구의 발광체(필라멘트)에 사용했는데, 탄탈럼을 이용한 콘덴서는 소형화·경량화가 가능하므로 최근 모바일 기기에서는 빼놓을 수 없는 원소가 되었다.

또한 모터나 스피커의 자석 부분에는 **네오디뮴** 같은 희토류 원소도 사용한다. 이렇듯 스마트폰의 원재료에는 다양한 금속 원소를 사용하고 있는데, 제조사는 되도록 재활용이 가능한 물질을 원재료를 사용하려고 노력한다(그림 1).

스마트폰은 화면을 직접 눌러서 조작할 수 있다. 주로 정전 용량 방식을 사용하는데, 손가락으로 눌렀을 때 변하는 전기량을 측정해 터치가 된 위치를 판독해서 스마트폰에 지시를 내리는 원리다(그림 2).

이러한 기술을 가능하게 만드는 열쇠를 쥐고 있는 것은 '투명 전극'이다. **투명 전극은 인듐 주석 산화물(ITO)이라고 하는, 인듐, 주석, 산소 원소로 이루어져 있다.** 얇은 막으로 만들면 투명해져서 전기가 통한다는 성질을 이용해 스마트폰 외에도 액정 텔레비전이나 태양 전지에 사용하고 있다.

투명 전극은 인듐으로 만든다

▶ 스마트폰의 구성 요소 (그림 1)

스마트폰에 사용되는 주요 금속 원소는 다음과 같다.

진동 모터
- 네오디뮴
- 디스프로슘

콘덴서
- 탄탈럼 등

케이스
- 알루미늄
- 마그네슘 등

터치 패널
- 인듐
- 주석

배터리
- 리튬
- 코발트

전자기판
- 금
- 은
- 구리
- 주석

▶ 터치 패널의 원리 (그림 2)

인듐 주석 산화물로 만든 투명 전극으로, 터치된 위치를 알아낸다.

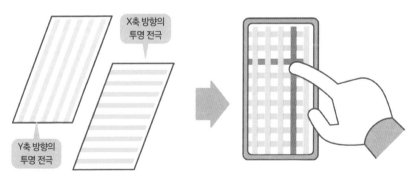

X축 방향의
투명 전극

Y축 방향의
투명 전극

1 X축의 위치를 판독하는 'X축 방향용 투명 전극'과 Y축의 위치를 판독하는 'Y축 방향용 투명 전극'을 겹쳐서 붙인다.

2 손가락이 닿은 곳의 좌표를 각 투명 전극이 판독해 위치를 알아낸다.

20 철족 원소가 자기력의 원천?

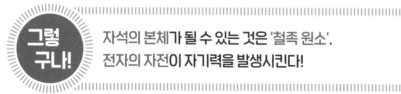

그렇구나! 자석의 본체가 될 수 있는 것은 '철족 원소'. 전자의 자전이 자기력을 발생시킨다!

자석도 원소와 관련이 있는데, 자석의 구조와 함께 알아보도록 하자.

자석은 원자 크기로 분해해도 분해된 하나하나가 자석의 성질을 띤다. 자기력은 전자의 스핀(자전) 운동과 주회 운동으로 발생하며, 그러한 자석을 **전자 자석**이라고 한다.

대부분의 원소는 자전 방향이 반대인 두 전자가 짝을 이루는 상태이므로, 전자 자석의 자기력은 상쇄된다. 하지만 철족 원소인 철, 코발트, 니켈은 같은 방향으로 자전하는 전자가 여러 개 있으므로 자기력이 발생하는 것이다(그림 1). **원소 중에서 강자성**(외부에서 자기를 받으면 자석이 되는 성질)**을 띠어서 자석의 본체로 사용할 수 있는 것은 철, 코발트, 니켈, 이렇게 세 가지다.**

세계의 연구자들은 자원량이 많고 저렴한 철을 바탕으로 다른 원소를 추가해 강력한 자석을 발견하는 것을 목표로 해왔다. 그중에서도 일본의 연구자들은 자석 발명에 많은 업적을 세우고 있다. 일본에서 만든 최초의 영구 자석인 '**KS 강**'은 혼다 고타로와 다카키 히로시가 발명했고, U자 자석이나 컬러 자석처럼 우리 주변에서 사용하고 있는 '**페라이트 자석**'은 가토 요고로, 다케이 다케시가 발명했다. 그리고 현재 가장 강력한 자기력을 지닌 '**네오디뮴 자석**'은 사가와 마사토 연구팀이 발명했다(그림 2).

전자에도 자기력이 있다

▶ 자석의 구조 (그림1)

자기력은 원자 내 전자에서 발생한다.

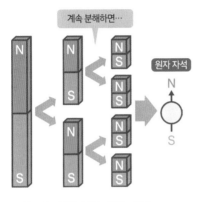

자석을 계속 분해하면 원자 자석이 나온다.

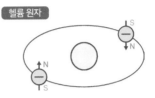

자기력은 전자 스핀으로 발생한다(전자 자석). 대부분의 원자는 스핀 방향이 반대인 전자가 짝을 이루므로 자기력이 발생하지 않는다.

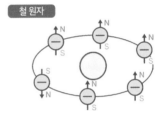

철은 같은 방향으로 스핀하는 전자가 몇 개 있어, 그러한 성질이 자기력을 발생시킨다.

▶ 다양한 자석 (그림2)

KS 강
1917년에 일본에서 발명한 영구 자석. 코발트, 텅스텐, 크로뮴이 함유된 철 합금.

페라이트 자석
1930년 일본에서 발명한 영구 자석. 산화철을 주원료로 가열해서 굳힌 것이다. 저렴한 비용으로 만들 수 있다.

네오디뮴 자석
1982년 발명했으며, 네오디뮴, 철, 붕소를 주성분으로 하는 영구 자석. 자기력이 가장 강하다.

원소가 만들어낸 아름다운 광석

원소 이름 탄소, 산소, 인, 황, 칼슘, 철, 구리, 비소, 스트론튬, 백금, 우라늄

대부분의 원소는 광석에 함유되어 있다. 포함된 원소에 따라 아름다운 색을 띠고 형태가 만들어지는 광석의 모습을 살펴보자.

황철광 (파이라이트)

황화철의 광물. 금으로 혼동하기 쉽다. 파이라이트는 '불의 돌'이라는 의미의 그리스어다. 과거에는 부싯돌로 사용했다.

함유된 원소 황, 철

공작석 (말라카이트)

구리의 광물이 풍화되어 만들어진, 염기성 탄산 구리로 이루어진 광물. 단면을 자르면 보이는 줄무늬가 공작새의 깃털처럼 보인다는 데에서 이름이 유래했다.

함유된 원소 구리, 탄소, 산소 등

자연백금

모래나 덩어리 형태로 자연에서 산출되는 백금 광물. 이리듐 같은 다른 백금족 원소나 철족 원소가 함유되어 있다.

함유된 원소 백금 등

남동광 (아주라이트)

염기성 탄산 구리가 주성분인 광물. 산성이고 탄산가스가 충분한 환경에서 만들어지기 쉽다. 파란색 안료에 사용한다. 블루 말라카이트라고도 한다.

함유된 원소

구리, 탄소, 산소 등

계관석

닭의 볏을 떠오르게 하는, 빨간색과 주황색이 섞인 광물. 빛이나 습도에 약해서 장시간 빛에 노출되면 색이 변하고 가루가 된다.

함유된 원소 비소, 황

인회우라늄석

우라늄이 함유된 판 모양, 비늘 모양 결정의 집합체. 자외선에 노출되면 황록색의 형광이 방출된다.

함유된 원소 우라늄, 칼슘, 인 등

자철광 (마그네타이트)

철의 산화 광물. 강한 자성을 띠고, 잘게 부수면 사철이 된다. 마그네슘이나 망가니즈가 소량 함유된 것도 있다.

함유된 원소 철 등

천청석 (셀레스타이트)

황산 스트론튬을 주성분으로 하는 광물. 셀레스타이트는 '천공'이라는 뜻의 라틴어에서 유래했다.

함유된 원소

스트론튬, 황 등

21 자동차에서는 어떤 원소가 활약하고 있을까?

그렇구나! 철, 알루미늄 같은 금속 원소 외에도, 배기가스를 제거하는 데에 백금족 원소가 활약!

가솔린 엔진 자동차는 약 3만 개의 부품으로 이루어져 있으며 다양한 원소의 성질이 활용되고 있다(그림 1).

엔진과 프레임을 비롯해 가장 많이 사용되는 재료는 **철**과 **탄소**로 만들어진 '**강철**'이다. 내열성을 중시하는 엔진의 배기 부분에는 스테인리스강(강철+**크로뮴**), 프레임에는 가볍고 강도가 높은 고장력강(강철+**규소**와 **망가니즈**) 등, 철에 여러 금속 원소를 섞어서 다양한 성질의 부품을 만들어 사용하고 있다..

철보다 가벼운 금속인 알루미늄은 자동차를 경량화하기 위해 철 부품 대신에 사용한다. 예를 들어 엔진 부품이나 구동계에는 **알루미늄·규소·구리**의 합금, 문이나 트렁크 패널에는 **알루미늄·마그네슘·규소**의 합금 등 다양한 금속 원소를 섞은 합금을 사용하고 있는 것이다.

배기가스를 처리하는 데에도 원소의 성질을 활용한다. 가솔린 엔진의 연소 가스에는 인체와 환경에 해로운 가스가 포함되어 있다. 그러한 물질이 그대로 배출되지 않도록 유해한 가스를 제거하는 필터가 장착되어 있다. 이 필터에는 **백금, 로듐, 팔라듐과 같은 백금족 원소**를 활용하는데, 유해 가스가 화학 반응을 통해 무해한 기체로 바뀌는 과정에서 촉매 역할을 한다(그림 2).

철을 대체해 경량화하고 있다

▶ 가솔린 엔진 자동차에서 사용하는 주요 원소 (그림 1)

내연기관 엔진 자동차에는 수많은 부품과 원소가 사용된다.

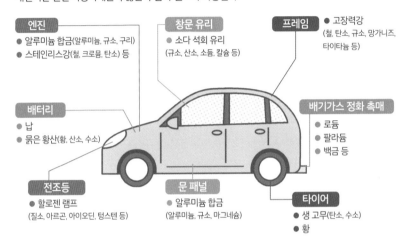

엔진
● 알루미늄 합금(알루미늄, 규소, 구리)
● 스테인리스강(철, 크로뮴, 탄소) 등

창문 유리
● 소다 석회 유리
(규소, 산소, 소듐, 칼슘 등)

프레임
● 고장력강
(철, 탄소, 규소, 망가니즈,
타이타늄 등)

배터리
● 납
● 묽은 황산(황, 산소, 수소)

배기가스 정화 촉매
● 로듐
● 팔라듐
● 백금 등

전조등
● 할로젠 램프
(질소, 아르곤, 아이오딘, 텅스텐 등)

문 패널
● 알루미늄 합금
(알루미늄, 규소, 마그네슘)

타이어
● 생 고무(탄소, 수소)
● 황

▶ 배기가스를 정화하는 과정에서 촉매가 작용하는 원리 (그림 2)

세 종류의 원소가 배기가스의 촉매(화학 반응을 촉진) 역할을 한다.

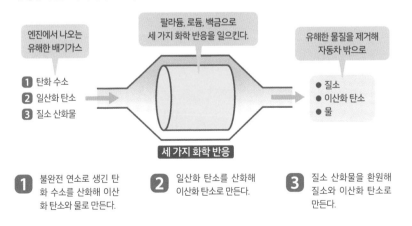

엔진에서 나오는
유해한 배기가스

팔라듐, 로듐, 백금으로
세 가지 화학 반응을 일으킨다.

유해한 물질을 제거해
자동차 밖으로

1 탄화 수소
2 일산화 탄소
3 질소 산화물

● 질소
● 이산화 탄소
● 물

세 가지 화학 반응

1 불완전 연소로 생긴 탄화 수소를 산화해 이산화 탄소와 물로 만든다.

2 일산화 탄소를 산화해 이산화 탄소로 만든다.

3 질소 산화물을 환원해 질소와 이산화 탄소로 만든다.

22 초전도는 원소가 만들어내는 현상? 자기부상열차의 구조

 타이타늄과 나이오븀 등 임계 온도가 높은 금속 원소가 초전도에 이용된다!

자석의 힘으로 달리는 자기부상열차. 과연 어떤 원소의 성질을 활용해서 움직이는 것일까?

자기부상열차는 자석으로 차체가 띄워져서 시속 500km가 넘는 속도로 주행한다. **차체는 초전도 전자석으로 띄운다**(그림 1). 초전도란 특정 온도 이하의 저온에서 물질의 전기 저항이 0이 되는 현상이다. 이 성질을 이용하면 극저온에서 냉각한 많은 전류를 흘려보낼 수 있으며, 자기력이 매우 강력한 초전도 전자석도 만들 수 있다.

일본의 JR 도카이에서 개발한 초전도 자기부상열차(실험용)의 초전도 전자석에는 금속 원소인 **나이오븀과 타이타늄으로 만든 '나이오븀·타이타늄 합금'을 '액체 헬륨'** 으로 -269℃까지 냉각시켜서 사용하고 있다(그림 2). 타이타늄은 강하고 가벼우며 쉽게 녹이 슬지 않는 금속 원소이고, 나이오븀은 은색의 금속 원소다. 둘 다 초전도 현상을 일으키는 재료인데, **특히 나이오븀은 초전도체가 되는 임계 온도가 원소 중에서 높은 편이기 때문에 활용되고 있다. 헬륨은 원소 중에서 녹는점이 가장 낮아서 최고의 냉각재라고 불린다.**

참고로 초전도 전자석은 계속 연구·개량되고 있는데, 더욱 높은 온도에서 초전도 상태가 유지될 수 있게 해주는 전자석이나 냉각재의 재료를 찾고 있다.

▶ 자기부상열차의 구조 (그림 1)

차체의 양쪽에 붙어 있는 초전도 전자석이 주행로의 전자석과 서로 끌어당겨서 차체를 띄우고 나아가게 한다.

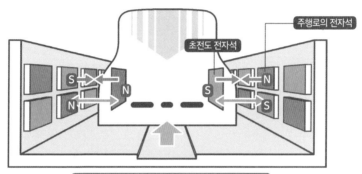

차량 1대 약 25톤의 무게가 10cm 높이로 뜬다!

▶ 초전도 전자석이란 (그림 2)

나이오븀·타이타늄 합금으로 만든 전자석을 액체 헬륨에 담가서 냉각시킨다. 그 후 코일에 많은 전류를 흘려보내서 자기력을 발생시킨다.

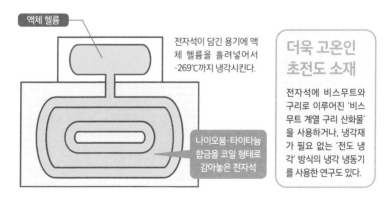

액체 헬륨

전자석이 담긴 용기에 액체 헬륨을 흘려넣어서 -269℃까지 냉각시킨다.

나이오븀·타이타늄 합금을 코일 형태로 감아놓은 전자석

더욱 고온인 초전도 소재

전자석에 비스무트와 구리로 이루어진 '비스무트 계열 구리 산화물'을 사용하거나, 냉각재가 필요 없는 '전도 냉각' 방식의 냉각 냉동기를 사용한 연구도 있다.

23 의료기기에 사용하는 원소에는 무엇이 있을까?

그렇구나! 바륨 검사나 MRI 검사에서는
바륨과 수소의 성질을 활용한다!

의료기기에 여러 원소의 성질을 활용하고 있다.

바륨 검사는 조영제인 황산 바륨을 마셔서 위 벽에 넓게 펴지게 한 후 X선을 투과해 위장을 관찰하는 검사법이다. 인체에 X선을 투과하면 뼈와 같이 X선을 흡수하는 부분은 그림자처럼 찍힌다. 따라서 일반적인 X선 검사에서 위장 같은 조직은 X선이 통과하기 때문에 어떤 모습인지 확인할 수 없다. '바륨 검사'에서 **바륨**은 원소의 이름이다. **바륨이 X선을 통과시키지 않는다는 성질을 이용**하는 것이다. 바륨은 그대로 마시면 인체에 해가 되므로 물이나 산에 녹지 않는 황산 바륨 형태로 마셔서 위장의 윤곽을 관찰하기 쉽게 만든다(그림 1).

MRI 검사는 체내 수소 원자가 방출하는 전자파를 판독해 체내를 영상으로 촬영하는 검사법이다. 인간의 체내에는 뼈와 조직 등 곳곳에 수소가 존재한다. 원자핵이나 전자는 자석과 같은 성질이 있으며, 서로 다른 방향을 향하고 있다. MRI 기계에는 거대한 자석이 붙어 있는데 그것으로 인체에 자기력을 가하면, 수소 원자는 같은 방향으로 정렬된다. 그리고 나서 전파를 쏘이면 수소 원자는 움직이기 시작하고 전자파가 발생한다. 그러한 **수소의 움직임의 차이로 병소의 위치를 파악**하는 것이다(그림 2).

그 외에도 플루오린 원소의 동위 원소인 플루오린 18처럼 반감기가 짧은 방사선 동위 원소를 사용해 암을 검출하는 PET 검사도 있다.

바륨은 원소 이름이다

▶ 바륨 검사의 원리 (그림 1)

X선이 통과하지 않는 바륨을 이용해 병소를 파악하는 검사법.

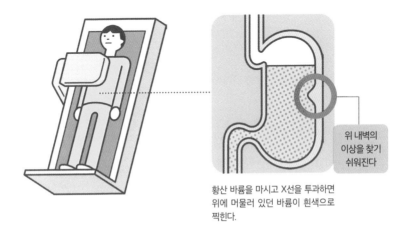

위 내벽의 이상을 찾기 쉬워진다

황산 바륨을 마시고 X선을 투과하면 위에 머물러 있던 바륨이 흰색으로 찍힌다.

▶ MRI 검사의 원리 (그림 2)

자석과 전자파를 이용해 체내 수소 원자의 모습을 촬영하는 검사법.

터널은 거대한 자석으로 이루어져 있다. 네오디뮴 자석이나 나이오븀과 타이타늄으로 만든 초전도 전자석을 사용한다.

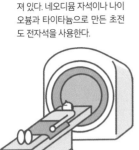

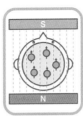

움직임이 다르다! 병소일지도?

1 강력한 자기력으로 체내 수소 원자들을 같은 방향으로 정렬한다.

2 전파를 쪼이면 전파 에너지를 흡수해 원자가 방향을 바꾼다.

3 전파를 멈추면 원자가 원래대로 돌아가면서 전자파가 발생한다. 그때의 움직임으로 병을 검진한다.

24 우주탐사선에서 사용되는 원소는?

전원에는 **방사성 원소**가 사용되고,
엔진에는 비활성 기체 원소인 **제논**이 사용된다!

지구와는 전혀 다른 공간인 우주. 그렇다면 우주탐사선에는 어떤 원소가 활용되고 있을까?

우주탐사선에서는 지구와 통신을 하기 위한 전력이 필요하다. 따라서 태양광 발전 등을 사용하지만, 태양에서 멀어지면 빛이 약해지기 때문에 태양광을 사용할 수 없게 된다. 그래서 **우주탐사선의 전원에는 원자력 전지가 탑재되어 있다.**

이 전지는 온도 차로 전기를 발생시키는 '**열전 변환**'이라는 방식이다. 두 종류의 서로 다른 반도체나 금속을 붙여서 양쪽 끝에 온도 차이가 나게 하면 전기가 발생한다(그림 1). 우주탐사선 보이저호의 원자력 전지에서는 **방사성 동위 원소인 플루토늄 238**이 붕괴하며 변할 때 방출되는 열과 우주 공간 사이의 온도 차로 전기를 얻었다. 반감기(→ 82쪽)가 길어서 전지의 수명이 길다.

참고로 일본이 쏘아 올린 소행성 탐사선 '하야부사', '하야부사 2'에서는 전기의 힘으로 물질을 가속해 앞으로 나아가게 하는 **이온 엔진**을 사용했다. **제논**이라는 비활성 기체 원소를 추진제로 사용한다. 원자에 가해진 에너지가 가속에 효율적으로 쓰이도록 하기 위해 제논을 선택한 것이다. 제논을 이온화하고 전압을 걸어서 제논 이온을 가속·분사해 그 힘에서 추진력을 얻는 원리다(그림 2).

이온 엔진의 추진제는 제논

▶ 원자력 전지란 (그림 1)

방사성 동위 원소의 붕괴열로 발생하는 열전 변환을 이용한 전지.

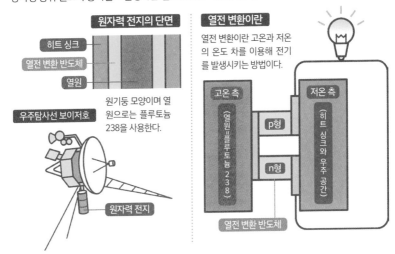

원자력 전지의 단면

- 히트 싱크
- 열전 변환 반도체
- 열원

원기둥 모양이며 열원으로는 플루토늄 238을 사용한다.

우주탐사선 보이저호

원자력 전지

열전 변환이란

열전 변환이란 고온과 저온의 온도 차를 이용해 전기를 발생시키는 방법이다.

고온 측 (열원=플루토늄 238)

p형

n형

저온 측 (히트 싱크와 우주 공간)

열전 변환 반도체

▶ 이온 엔진이란 (그림 2)

전기의 힘으로 물질을 가속해 분사한다.

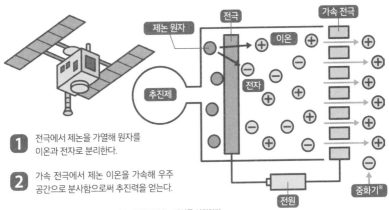

제논 원자

전극

가속 전극

이온

전자

추진제

1 전극에서 제논을 가열해 원자를 이온과 전자로 분리한다.

2 가속 전극에서 제논 이온을 가속해 우주 공간으로 분사함으로써 추진력을 얻는다.

전원

중화기※

※ 중화기: 기체가 (-)로 대전되도록 이온의 역류를 막는 장치를 설치한다.

25 시계는 원소의 힘으로 정확하게 작동한다?

그렇구나! 쿼츠시계는 산소와 규소, 원자시계는 세슘을 이용해 1초를 잰다!

예로부터 시계는 정확성을 추구해왔다. 실제로 시계도 원소의 힘을 활용함으로써 더욱 정확해질 수 있었다.

시계는 정확하게 시간을 측정하기 위해 주기적인 운동을 기준으로 삼아왔다. 일정한 리듬으로 시간을 재는 진자시계 같은 것은 과거에도 있었다. 1927년에 발명된 **쿼츠시계는 수정의 진동을 기준으로 1초를 측정했다**(그림 1). 수정은 석영(산소와 규소)이라는 광물로, 전기를 흘려보내면 일정 주기로 진동하는 성질이 있는데, 3만 2768회 진동하는 데 걸리는 시간을 1초로 정한 것이다.

원자시계는 원자 고유의 진동을 기준으로 한다(그림 2). 현재 공식적으로 1초의 길이를 결정하는 원자시계에는 **세슘**의 동위 원소인 세슘 133 원자가 사용된다.

1955년에 개발된 **세슘 원자시계는 1초의 정의를 바꾸었다**. 과거에는 지구의 자전·공전 속도를 기준으로 1초의 길이를 정의했지만, 세슘 원자시계가 발명되면서 천체의 운동보다 원자시계가 더 정확할 것이라고 여겨졌다. 현재 1초의 정의는 '세슘 133 원자를 들뜬 상태로 만드는 마이크로파가 91억 9263만 1770회 진동하는 데 걸리는 시간'※이다. 오차는 2000만 년에 1초다. **현재 대한민국의 표준시는 세슘 원자시계 등을 사용해 설정되어 있다.**

※ 1초의 정의를 간략하게 표현한 것이다.

원자시계가 표준시를 만든다

▶ 쿼츠시계의 구조 (그림1)

쿼츠시계는 수정이 진동한 횟수를 세어서 시간을 잰다.

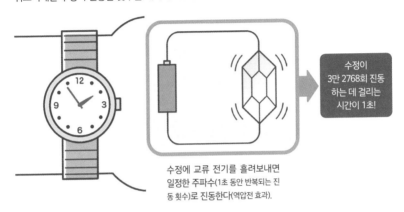

수정이
3만 2768회 진동
하는 데 걸리는
시간이 1초!

수정에 교류 전기를 흘려보내면
일정한 주파수(1초 동안 반복되는 진
동 횟수)로 진동한다(역압전 효과).

▶ 원자시계의 구조 (그림2)

세슘 원자의 고유한 진동수를 세어서 시간을 잰다.

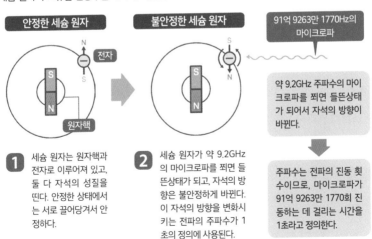

안정한 세슘 원자

불안정한 세슘 원자

전자

원자핵

91억 9263만 1770Hz의
마이크로파

약 9.2GHz 주파수의 마이
크로파를 쬐면 들뜬상태
가 되어서 자석의 방향이
바뀐다.

주파수는 전파의 진동 횟
수이므로, 마이크로파가
91억 9263만 1770회 진
동하는 데 걸리는 시간을
1초라고 정의한다.

1 세슘 원자는 원자핵과
전자로 이루어져 있고,
둘 다 자석의 성질을
띤다. 안정한 상태에서
는 서로 끌어당겨서 안
정하다.

2 세슘 원자가 약 9.2GHz
의 마이크로파를 쬐면 들
뜬상태가 되고, 자석의 방
향은 불안정하게 바뀐다.
이 자석의 방향을 변화시
키는 전파의 주파수가 1
초의 정의에 사용된다.

26 '1만 년 전의 화석'이라는 것을 어떻게 알 수 있을까?

 그렇구나! 생물 안에 있는 방사성 동위 원소인 탄소 14의 양을 조사하면 살았던 연대를 알 수 있다!

유적을 발굴하면 언제 적 것인지를 발표하는데, 어떻게 그 시기를 알 수 있을까? 화석이나 유적이 몇 년 전의 것인지 판단하는 연대 측정에는 **방사성 동위 원소**를 이용한다. 그중 주로 사용하는 것이 **'탄소 14'를 이용한 연대 측정**이다(오른쪽 그림).

탄소에는 몇 가지 동위 원소가 있는데, 지구상에 탄소의 동위 원소가 존재하는 비율은 정해져 있다. 대기 중에 일정한 비율로 **탄소 14**가 포함되어 있는 것이다. 식물은 광합성을 하면서 이산화 탄소를 흡수하기 때문에 식물 내에도 대기와 같은 비율로 탄소 14가 존재하고, 살아 있는 동안에는 대기에서 계속 공급받기 때문에 체내의 탄소 14는 일정하게 유지된다.

그러다 식물이 죽으면, 이산화 탄소를 흡수하지 않게 되므로 식물 내의 탄소 14는 줄어든다. 탄소 14는 원자핵이 불안정한 방사성 동위 원소이므로 시간이 경과하면 원자핵이 붕괴되고 질소 14로 바뀌기 때문이다.

예를 들어 어떤 식물이 살아 있을 때 탄소 14의 존재량을 1이라고 하면, 5730년이 지나면 존재량은 절반으로 줄어든다. 이렇게 방사성 동위 원소의 양이 절반이 되는 시간을 **반감기**라고 한다. 반감기를 이용해 **식물의 화석에 들어 있는 탄소 14와 탄소 12의 비율을 알아봄으로써**, 식물이 죽은 후 시간이 얼마나 흘렀는지, 그 연대를 측정할 수 있는 것이다.

살았던 연대는 탄소를 통해 알 수 있다

▶ 탄소 14를 이용한 연대 측정법

동식물이 죽고 나서 시간이 얼마나 지났는지 추정하는 방법이다.

1 대기 중에는 탄소의 방사성 동위 원소인 탄소 14가 일정 농도로 포함되어 있다. 동식물은 대기에서 탄소 14를 흡수해, 대기와 동식물 체내의 탄소 14의 농도는 같다.

> 대기 중에는 안정한 동위 원소인 탄소 12나 방사성 동위 원소인 탄소 14 등 탄소 원자가 일정한 비율로 존재한다

대기와 동식물에 함유된 탄소 14의 양은 같다

2 방사성 동위 원소인 탄소 14는 시간이 경과하면 붕괴되고, 자연히 양은 줄어간다. 예를 들어 탄소 14의 양은 5730년이 지나면 원래의 절반이 된다(반감기).

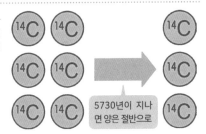

5730년이 지나면 양은 절반으로

3 동식물이 죽으면 대기에서 탄소 14를 흡수하지 않게 된다. 죽은 체내에서는 탄소 14의 양이 계속 줄어든다.

> 죽은 동식물의 체내에서 탄소 14의 양을 알아보면, 그 동식물이 언제 죽었는지 추정할 수 있다!

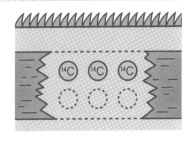

탄소 14의 양이 절반으로 줄어 있기 때문에 이 식물은 5730년 전에 죽었다는 것을 알 수 있다!

27 '희소 금속'이란 무엇일까? 어디에 쓰일까?

그렇구나! 전 세계의 산업에서 빼놓을 수 없는 희소한 금속 원소. 거의 대부분 수입에 의존하고 있다!

뉴스에서 한 번쯤은 들어본 적이 있을 '희소 금속'이란 무엇일까?

산업에 유익한 광물 자원 중에서 매장량이 적거나 기술적·비용적 한계로 채굴이 어려워 희소한 금속 원소를 '희소 금속'이라고 한다. 예를 들어 희소 금속 중에서 네오디뮴은 모터용 자석에, 리튬은 배터리에 꼭 필요하다. 어떤 금속 원소를 희소 금속이라고 하는지는 국가, 시대, 연구자에 따라 다른데, 우리나라 정부는 존재량이 적고 추출하기 어려운 금속 중에서 **공업적으로 수요가 있을 것으로 예상되는 35종 광물, 56가지 원소를 희소 금속으로 정해 비축하고 있다**(그림 1).

희소 금속의 산지는 일부 국가에 편중되어 있다(그림 2). 예를 들어 희소 금속 중에서 **스칸듐, 이트륨, 란타넘족의 3족 17가지 원소는 '희토류(rare earth)'라고 하는데**, 중국이 전 세계 생산량의 약 60%를 차지한다. 한편 우리나라는 희소 금속의 대부분을 수입에 의존하고 있다. 그러다 보니 희소 금속 자원국이 수출을 규제하면 가격이 급등하는 등 크게 영향을 받는다.

따라서 희소 금속을 안정적으로 공급할 수 있도록 정부는 몇 가지 대책을 세우고 있다. 자원국과의 관계를 강화하거나 영해에 잠들어 있는 희소 금속을 채굴하는 것 외에도, 희소 금속에 의존하지 않는 대체재를 사용하는 제품을 개발하고 폐기되는 가전제품에서 광물 자원을 회수하고 있다.

희소 금속은 전 세계 일부 지역에 편중되어 존재한다

▶ 희소 금속의 종류와 용도 (그림1)

세계 산업을 지탱하는 광물 자원이면서 산출량이 적은 희소 금속. 우리 정부는 35종 광물, 56가지 원소를 희소 금속으로 정하고 비축하고 있다. ※ 국가희소금속센터 koram.re.kr

주요 용도	원소
특수강	● 니켈 ● 크로뮴 ● 텅스텐 ● 몰리브데넘 등
액정	● 인듐 ● 세륨 등
전자부품(IC, 반도체 등)	● 갈륨 ● 탄탈럼 등
희토류 자석·소형 모터	● 네오디뮴 ● 디스프로슘 등
소형 이차 전지	● 리튬 ● 코발트 등
초강공구	● 텅스텐 ● 바나듐 등
배기가스 정화	● 백금 등

▶ 주요 희소 금속과 광물의 산출국 (그림2)

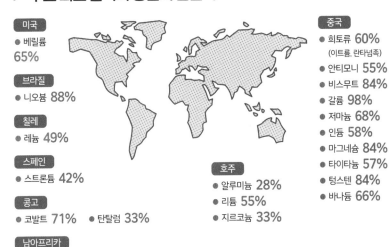

미국
● 베릴륨 65%

브라질
● 니오븀 88%

칠레
● 레늄 49%

스페인
● 스트론튬 42%

콩고
● 코발트 71%   ● 탄탈럼 33%

남아프리카
● 크로뮴 44%   ● 망가니즈 37%   ● 팔라듐 40%   ● 백금 72%

호주
● 알루미늄 28%
● 리튬 55%
● 지르코늄 33%

중국
● 희토류 60%
(이트륨, 란타넘족)
● 안티모니 55%
● 비스무트 84%
● 갈륨 98%
● 저마늄 68%
● 인듐 58%
● 마그네슘 84%
● 타이타늄 57%
● 텅스텐 84%
● 바나듐 66%

※ 출처: U.S. Geological Survey 「Mineral Commodity Summaries 2022」를 바탕으로 작성했다.
※ 수치는 2021년 세계 생산량에 대한 비율이다.

Q 희소한 원소. 지구상에 어느 정도의 양이 존재할까?

| 수십 그램 | 또는 | 수백 그램 | 또는 | 수천 그램 |

지구상에서 자연에 가장 많이 존재하는 원소는 수소이고, 가장 적은 원소는 원자 번호 85번인 아스타틴과 87번인 프랑슘이다. 그렇다면 가장 적은 원소의 양은 얼마나 될까?

아스타틴은 원자핵이 불안정한 방사성 원소다. 멘델레예프의 원소 주기율표에서 존재할 것이라고 예언했는데, 결국 홑원소 물질로 단리(혼합물에서 홑원소 물질을 추출하는 것)가 불가능해 1940년에 인공적으로 합성·발견했다.

방사성 원소는 시간 경과에 따라 원자핵이 붕괴되어 원소 종류가 차례차례 바뀌어가는 방사성 붕괴를 일으킨다. 아스타틴은 천연 우라늄이나 악티늄 같은 방사성 원소의 붕괴 과정에서 생성된다는 것이 확인되었다. 다만 천연 악티늄이 붕괴된 후에 그 양이 절반이 되는 '반감기'는 1분 정도로 수명이 매우 짧은데, 그 때문에 지각에 존재하는 아스타틴의 총량은 수백mg~30g으로 추정할 정도로 매우 적다.

프랑슘도 천연 우라늄의 방사성 붕괴 과정에서 생성된 원소다. 반감기는 21.8분으로 수명이 매우 짧아서 지각에 존재하는 총량은 약 15~30g으로 추정한다. 1939년 프랑스 퀴리 연구소의 페레는 프랑슘을 단리해내는 데 성공했다.

따라서 정답은 '수십 그램'이다. 지구상에 그 정도밖에 없는 원소인 것이다. 참고로 **이미 지각에서 사라진 천연 방사성 원소도 있는 것으로 본다.** 테크네튬(수명이 긴 동위원소의 반감기는 420만 년)과 프로메튬(수명이 긴 동위 원소의 반감기는 17.7년)이 바로 그것인데, 지구 탄생 시에 존재했더라도 재빨리 붕괴되어 자연계에서 사라졌다고 본다.

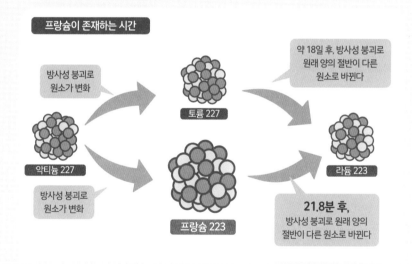

프랑슘이 존재하는 시간

방사성 붕괴로
원소가 변화

토륨 227

약 18일 후, 방사성 붕괴로
원래 양의 절반이 다른
원소로 바뀐다

악티늄 227

방사성 붕괴로
원소가 변화

프랑슘 223

라듐 223

21.8분 후,
방사성 붕괴로 원래 양의
절반이 다른 원소로 바뀐다

28 원소 중 80%은 금속?

그렇구나!

원소의 80% 이상은 금속 원소.
모두 금속 원소의 공통적인 성질을 가지고 있다!

118가지 원소 중에서 어떤 원소가 가장 많을까? 바로 **금속 원소**다. 원소는 크게 금속 원소와 비금속 원소로 나눌 수 있는데, **원소의 80% 이상은 금속 원소**인 것이다.

금속 원소에는 공통적인 성질이 세 가지 있는데, 그러한 성질을 결정하는 데 열쇠를 쥐고 있는 것이 '**자유 전자**'다. 금속은 무수히 많은 금속 원자가 규칙적으로 배열되어 결합된 금속의 결정이다. 금속 원자가 결합할 때 가장 바깥쪽 전자껍질이 서로 겹쳐진다. 이때 최외각 전자는 원래 있던 원자에서 튀어나가 결정의 내부를 자유롭게 돌아다닌다. 이것을 '자유 전자'라고 하는데, **금속은 이 자유 전자가 돌아다님으로써 원자끼리 결합되어 있는 것이다**(금속 결합이라고 한다).

자유 전자는 금속의 세 가지 성질을 결정한다(오른쪽 그림).

첫 번째는 **금속 특유의 광택**이다. 반짝거리는 빛의 정체는 자유 전자의 작용으로 빛이 반사된 것이다.

두 번째는 **전기나 열을 잘 전달하는 성질**이다. 전기와 열 모두 자유 전자의 이동으로 에너지가 전달되는 것이다.

세 번째는 **두드리면 펴지고 잡아당기면 늘어나는 성질**이다. 금속 원소에 힘을 가하면 금속 원자의 배열은 틀어지지만 자유 전자가 있기 때문에 결합은 유지되므로 이러한 성질이 있는 것이다.

자유 전자가 금속 원소의 성질을 결정한다

▶ 금속 원소의 세 가지 성질

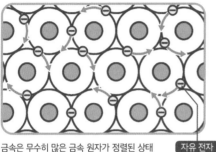

금속은 무수히 많은 금속 원자가 정렬된 상태로 결합해 이루어져 있다. 가장 바깥쪽 전자껍질은 서로 겹쳐지고, 겹쳐진 전자껍질을 자유 전자는 자유롭게 오갈 수 있다.

알루미늄 원자의 경우, 가장 바깥쪽에 있는 전자 3개가 튀어나가서 자유 전자가 된다.

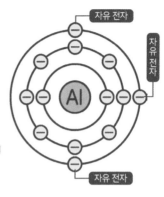

성질 1
금속 광택

빛을 대부분 반사하기 때문에 금색이나 은색의 광택을 보인다. 자유 전자가 빛을 흡수·방출할 때 빛을 내기 때문이다.

자유 전자가 빛을 반사

성질 2
전기나 열을 잘 전달한다

전기 전도성과 열 전도성이 뛰어나다. 금속 내부에서 자유 전자가 자유롭게 이동함으로써 전기나 열을 전달한다.

자유 전자가 전기나 열을 운반한다

성질 3
전성과 연성

금속은 두드리면 판 모양으로 펴지고(전성), 잡아당기면 가늘게 늘어난다(연성).

두드리면 펴진다 = 전성

잡아당기면 늘어난다 = 연성

29 원소의 힘으로 뜨거워진다? 핫팩의 구조

그렇구나! 핫팩은 물질이 산화할 때 방출되는 열에너지를 이용해 뜨거워진다!

핫팩이 따뜻해지는 것은 신기한 일이다. 그러한 현상의 원리는 **원소끼리 결합할 때의 화학 반응으로 열이 발생하는 것이다.**

비에 젖은 철을 방치하면 얼마 지나지 않아 적갈색 녹이 생기기 시작한다. 녹은 금속 원소가 공기 중 산소나 수분과 반응해 산화함으로써 생긴다. **일회용 핫팩은 철이 산소와 결합해 산화할 때 방출되는 열을 이용하는 것이다**(그림 1). 녹이 슬 때는 철 1g 당 7200줄의 열을 방출하는데, 이것은 물 100g의 온도를 약 17℃ 높일 수 있는 열량이다.

철은 녹이 슬 때 열을 방출하는데, 일상생활에서는 알아차리지 못할 정도로 천천히 진행된다. 따라서 반응 속도를 높이기 위해 일회용 핫팩에는 반응 성분인 철 가루 외에, 산소가 많이 함유된 활성탄, 물을 조금씩 공급하는 보수재, 산화 반응을 촉진하는 촉매 역할을 하는 식염수도 들어간다.

이 외에도 1923년에 발명된 **백금 촉매식 핫팩**이라는 것도 있다(그림 2). **연료인 벤젠(탄화 수소)과 공기 중 산소가 산화 반응을 일으킬 때 생기는 열을 이용한 핫팩**인데, 산화가 천천히 진행되도록 발열부에 금속 원소인 백금을 바르고 반응을 촉진해 저온에서 산화·발열시키는 원리다.

녹이 슬 때 열이 방출된다

▶ 일회용 핫팩의 원리 (그림1)

포장된 핫팩을 꺼내면 핫팩 안의 철이 산소를 만나서 산화 반응을 일으키고 열이 발생한다.

철이 산소와 결합하면 산화해 열을 방출한다.

주요 재료

철 가루

전해질(→ 171쪽)이 철의 산화를 촉진

물 + 소금

보수재는 물을 모아서 조금씩 공급

보수재

활성탄은 산소를 모아서 철에 산소를 제공

활성탄

▶ 백금 촉매식 핫팩의 원리 (그림2)

화구에 불을 가져다 대면 기화된 벤젠(탄화 수소)과 산소가 결합해 산화하고 열을 방출한다. 백금은 촉매로서 산화를 돕는다.

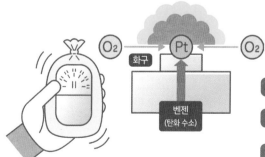

화구

벤젠
(탄화 수소)

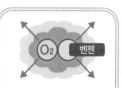

벤젠(탄화 수소)이 산소와 결합하면 산화해 열을 방출한다.

1 화구에 불을 가져다 댄다.

2 백금이 산소를 흡착해 산화 반응이 일어나기 좋은 상태가 된다.

3 기화된 벤젠(탄화 수소)과 산소가 결합해 산화하면 열이 방출된다.

산소를 명명한 실험의 고수

앙투안 로랑 라부아지에

(1743~1794)

라부아지에는 실험을 통해 원소를 과학적으로 정의한 프랑스의 화학자다. 파리에서 태어나 여러 학문을 공부했는데, 법률 지식을 살려서 징세 청부인으로 일하기도 했고, 화학 지식을 살려서 화약 제조 감독관으로 일하기도 했다. 자신의 집 주변에 사비를 들여 화학 실험실을 마련해 여러 실험을 실시했다.

18세기 초는 과학적인 원소관이 등장하는 동시에, 4원소설 등 오래된 원소관도 뿌리 깊게 남아 있는 시대다(→ 158쪽). 당시에는 '연소란 가연성 물질에서 플로지스톤(연소=불의 원소)이 방출되어 재가 남는 현상'이라는 설이 연구자들에게 지지를 받았다.

1773년경부터 라부아지에는 플로지스톤 가설을 확인하기 위해 공기 중에서 금속을 연소시켜서 무게를 측정하는 실험을 진행했다. 플로지스톤이 방출되면 무게는 줄어야 하지만, 실험 결과에 따르면 금속은 무거워졌다. 그는 매우 정확하게 측정하는 것으로 유명했으므로, 금속과 공기가 결합해 무거워진다는 사실, 연소 후 증가량은 결합한 공기량과 일치한다는 사실을 밝혀냈다. 그리고 그 공기가 원소라고 생각해 '산소'라는 이름을 붙이고 플로지스톤 가설은 부정했다.

자신의 저서 『Traité élémentaire de chimie (화학원론)』에서 '원소는 화학 분석으로는 분해할 수 없는 단순한 물질'이라고 정의했다. 이후에 오래된 원소관은 버려지고, 실험을 통한 원소 분석이 발달했으며, 새로운 원소가 연달아 발견되었다.

제 **2** 장

'그렇구나!' 하고 이해가 되는

우리 주변의
원소 이야기

인간을 비롯한 모든 물질은 원소로 이루어져 있다. 지금부터 118가지 원소 중에서 현재 우리 생활에 쓰이고 있는 원소와 앞으로의 활약이 기대되는 원소를 소개하겠다.

30 H 수소 hydrogen
친환경 에너지로서 기대 중?

그렇 구나! '연료 전지', '수소 발전', '핵융합' 등, 새로운 에너지원으로서 기대된다!

주기율표에서 가장 처음에 나오는 '수소'. 과연 어떤 원소일까?

수소는 우주에서 가장 많이 존재하는 원소다. 태양의 70% 이상이 수소이고, 지구에서는 다른 원소와 결합한 화합물의 형태로 곳곳에 존재하고 있다. 그리고 지구에서 가장 많은 수소 화합물은 물이다.

수소는 가장 가벼운 원소로, 홑원소 물질인 경우에는 무색·무미·무취의 가연성 기체다. 수소 가스는 질소와 반응시켜서 **암모니아(질소와 수소의 화합물)**를 만드는 데 사용한다. 또는 식물성 기름에 수소 가스를 첨가하면 **마가린**을 만들 수도 있다.

수소는 새로운 에너지원으로 주목받고 있다. 우주로 쏘아올리는 **로켓의 연료**에는 액체 수소와 액체 산소가 쓰인다. **연료 전지**는 수소와 산소의 반응에서 전기 에너지를 만들어내는 구조다(그림 1). 수소와 산소를 2:1로 혼합한 기체에 불을 붙이면 폭발적으로 연소해 많은 에너지를 생성할 수 있는 것이다. 화력 발전에 수소를 연료로 사용하는 **수소 발전**에 대한 실험이 진행되기도 했다.

연료 전지와 수소 발전 모두 이산화 탄소가 배출되지 않는다. 나오는 것은 물뿐인 친환경 에너지이기 때문에 앞으로의 활약이 크게 기대된다. 그 외에도 태양 내부에서 막대한 에너지를 생산하는 **핵융합 반응**을 지상에서도 이용하기 위한 핵융합로 연구도 진행되고 있다(그림 2).

수소는 우주에서 가장 많은 원소

▶ 연료 전지란? (그림1)

수소와 산소의 화학 반응으로 전기를 만들어낸다. 배출되는 것은 물밖에 없으므로 친환경적으로 계속 사용할 수 있는 전지.

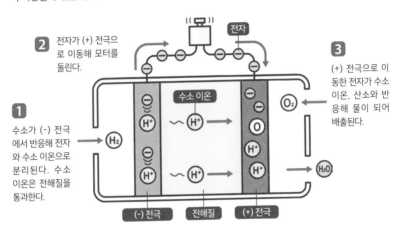

2 전자가 (+) 전극으로 이동해 모터를 돌린다.

1 수소가 (-) 전극에서 반응해 전자와 수소 이온으로 분리된다. 수소 이온은 전해질을 통과한다.

3 (+) 전극으로 이동한 전자가 수소 이온, 산소와 반응해 물이 되어 배출된다.

▶ 핵융합이란? (그림2)

수소처럼 가벼운 원자핵이 융합해서 무거운 원소가 될 때 막대한 에너지가 방출된다. 이러한 핵융합을 에너지원으로 사용하는 연구도 진행 중이다.

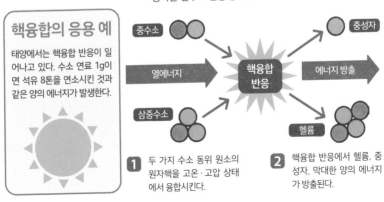

핵융합의 응용 예

태양에서는 핵융합 반응이 일어나고 있다. 수소 연료 1g이면 석유 8톤을 연소시킨 것과 같은 양의 에너지가 발생한다.

1 두 가지 수소 동위 원소의 원자핵을 고온·고압 상태에서 융합시킨다.

2 핵융합 반응에서 헬륨, 중성자, 막대한 양의 에너지가 방출된다.

31
 He
 헬륨 helium
 목소리를 높여주는 것도 가볍기 때문?

수소 다음으로 가볍고, 다른 물질과 거의 반응하지 않아서 안정적이므로 자주 활용된다!

'헬륨'이 기구를 띄우는 데 사용되거나 목소리를 높게 바꾼다는 것은 들어본 적이 있을 것이다. **헬륨은 수소 다음으로 가벼운 원소로, 홑원소 물질인 경우에는 무색무취인 기체다.** 우주에는 수소 다음으로 많이 존재하는데, 지구의 대기 중에는 거의 존재하지 않기 때문에 상업용으로 쓰이는 것은 천연가스에서 분리해 만들어낸다.

헬륨은 다른 물질과 거의 반응하지 않고(비활성), 끓는 점은 -268℃로 모든 원소 중에서 가장 낮다. 비활성 기체인 헬륨은 로켓 엔진 연료인 액체 수소를 연료실로 보내는 가압가스로 사용된다. 또한 자기부상열차나 MRI 검사에 이용되는 초전도 전자석의 냉각재로도 쓰이고 있다(→ 74쪽).

20세기 초에는 기구를 띄우는 가스로 수소가 사용되었다. 하지만 수소는 불이 붙기 쉬워서 폭발 사고가 많이 일어났으므로 불연성인 헬륨이 쓰이기 시작했다(그림 1).

참고로 **헬륨은 공기보다 밀도가 낮아서 소리를 전달하는 진동이 빨라진다.** 그렇기 때문에 헬륨 80% · 산소 20%를 혼합한 가스를 들이마신 후 소리를 내거나 리코더를 불면 소리가 높아지는 것이다(그림 2).※

※ 헬륨 가스만 들이마시면 질식할 위험이 있으므로 반드시 헬륨 혼합 가스를 사용해야 한다.

우주에서 두 번째로 많은 원소

▶ 공중으로 띄워주는 가스, 헬륨 (그림 1)

헬륨은 공기보다 가볍기 때문에 물체를 공중에 띄우는 데 사용된다.

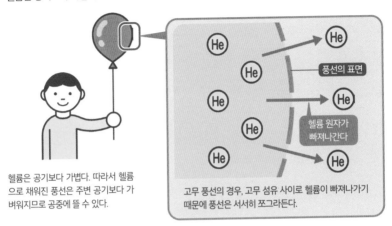

헬륨은 공기보다 가볍다. 따라서 헬륨으로 채워진 풍선은 주변 공기보다 가벼워지므로 공중에 뜰 수 있다.

풍선의 표면

헬륨 원자가 빠져나간다

고무 풍선의 경우, 고무 섬유 사이로 헬륨이 빠져나가기 때문에 풍선은 서서히 쪼그라든다.

▶ 헬륨 때문에 소리가 높아진다? (그림 2)

헬륨은 공기보다 밀도가 낮기 때문에 소리를 전달하는 속도가 빨라진다. 소리는 공기를 진동시키며 전달되므로, 속도가 빨라지면 소리를 전달하는 진동수가 커져서 소리가 높게 들린다.

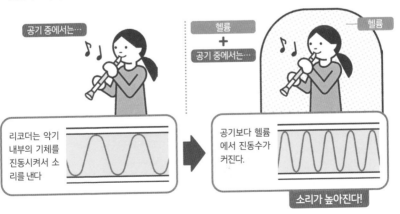

공기 중에서는…

헬륨 + 공기 중에서는…

헬륨

리코더는 악기 내부의 기체를 진동시켜서 소리를 낸다

공기보다 헬륨에서 진동수가 커진다.

소리가 높아진다!

원소가 빚어낸 아름다운 풍경

원소 이름   리튬, 소듐, 마그네슘, 알루미늄, 황, 포타슘, 철, 니켈, 코발트, 브로민

산 표면을 타고 흐르는 파란색 불꽃, 생명을 거부하는 소금 호수, 거대한 운석 등 아름다운 풍경에 숨어 있는 원소의 구조를 살펴보자.

화려한 색채의 호수

원소   황, 철, 포타슘 등

에티오피아의 달롤 화산. 거대한 분지의 가운데 활화산, 유황 호수, 소금 사막이 존재한다. 분화로 소금이나 황이 함유된 물이 뿜어져 나와서 화려한 색채의 풍경이 만들어졌다. 노란색은 황의 결정이다.

푸른 용암?

인도네시아의 이젠 산에서 파란색 불꽃이 산 표면을 강처럼 흘러가는 현상. 불꽃은 바위 사이에서 분출되는 유황 가스가 타는 빛으로, 용암류가 아니다.

원소   황

리튬이 매장

리튬, 소듐, 포타슘

칠레의 아타카마 소금 호수는 세계에서 두 번째로 넓은 소금 호수다. 세계에서 손에 꼽히는 리튬 광상이 있다. 지하수를 퍼 올려서 건조시켜 리튬을 생산한다.

하늘에서 보내준 선물

나미비아의 호바 운석. 최대 지름은 2.95m, 무게는 약 66톤이다. 약 8만 년 전에 떨어진 것으로 본다.

원소   철, 니켈, 코발트 등

신비의 연못

홋카이도 비에이초의 시로가네 푸른 연못. 방재 공사 시 생긴 인공 호수로, 파란색은 지하수에 함유된 알루미늄 때문이다.

원소   알루미늄

바다보다 진한 소금

사해는 중동에 있는 소금 호수다. 호수 표면에는 염분이 해수의 5배 이상 함유되어 있어서 생물이 살지 못한다. 한편 염분에는 유용한 광물도 많이 포함되어 있어서, 호숫가에는 원소 채취 공장이 있다.

원소   브로민, 포타슘, 소듐, 마그네슘 등

32 리튬 lithium

Li

현대인의 생활을 완전히 바꾼 원소?

현대에 필수적인 스마트폰이나 노트북에,
리튬 이온 전지가 사용되고 있다!

1817년 페탈라이트(리튬과 알루미늄으로 이루어진 규산염 광물)라는 광물에서 리튬이 발견되었다. 소듐이나 포타슘과는 달리, 새로운 알칼리 금속 원소가 광석에서 발견되었기 때문에 '리튬'이라는 이름은 '돌'을 뜻하는 그리스어 'lithos'에서 유래했다.

리튬은 은백색을 띤, 모든 금속 중에서 가장 가벼운 금속 원소다. 무게는 알루미늄의 약 5분의 1로, 소듐처럼 무르고 물이나 산소와 격렬하게 반응한다.

20세기가 되자, 수소화 리튬을 기구의 수소 발생제로 쓰거나 수산화 리튬을 **자동차 윤활제**의 재료로 사용했다. 또한 이산화 탄소를 잘 흡수하기 때문에 **잠수함의 이산화 탄소 제거제**로도 쓰이고 있다.

리튬은 전자를 방출하기 쉬워서 전지에 사용하기 적합한 원소다. 충전이 가능한 이차 전지인 리튬 이온 전지(오른쪽 그림)는 스마트폰, 노트북, 전기자동차 등의 배터리로 사용되고 있다. 그야말로 현대의 필수품에 활용되는 원소라고 할 수 있다. 1985년에 리튬 이온 전지를 발명한 요시노 아키라 박사를 비롯한 연구자들은 노벨화학상을 받았다.

리튬은 광상(광물이 묻혀 있는 부분.-옮긴이)**이 일부 지역에만 존재하는 희소 금속**이다. 해수에도 포함되어 있으므로 채산에 맞게 추출해 활용하는 방법에 대한 연구가 이루어지고 있다.

리튬 광상은 일부 지역에만 존재한다

▶ 리튬 이온 전지의 구조

리튬 이온이 (+)극과 (-)극 사이를 이동하며
충전·방전이 이루어지는 전지.

리튬 이온 전지의 방전

전구를 연결하면 (-)극에 모여 있
던 리튬이 리튬 이온과 전자로 분
리된다. 전자는 회로를 통해 이동
해 전구에 불을 켜고 리튬 이온은
(+)극으로 이동해 모인다.

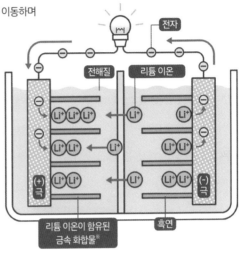

리튬 이온 전지의 충전

충전이 시작되면 전자는 (-)극으
로 모인다. 그에 따라 (+)극 쪽에
있던 리튬 이온이 전해질을 통해
(-)극 쪽으로 모이고, 전지에 전기
가 충전된다.

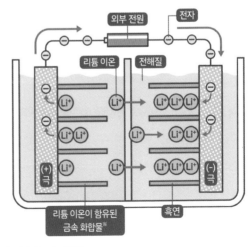

※ 리튬 이온이 함유된 금속 화합물에는 코발트나 망가니즈가 사용된다.

33 질소 nitrogen

N

동식물의 생명에 필수적인 원소?

 공기의 약 78%를 차지하는 원소. 생명에 필수적이며 '질소 순환'을 통해 체내로 흡수된다!

'질소'는 공기의 약 78% 정도를 차지하는 원소다. 홑원소 물질인 경우에는 무색무취이고 다른 물질과 거의 반응하지 않는다. 한편 **생명에 필수적인 원소**이기도 한데, 동식물을 구성하는 단백질은 모두 질소, 탄소, 산소, 수소로 만들어진다.

그렇다면 인간은 어떻게 질소를 체내로 흡수하는 것일까? 대기 중의 질소는 미생물의 활동 등을 통해 질산염이나 암모니아 같은 질소 화합물로 형태가 바뀐다. 식물은 이 질소 화합물을 흡수해서 아미노산(단백질의 기본 구성 단위)을 만든다. 동물은 식물을 먹음으로써 질소를 섭취하고, 여분의 질소는 요소(이것도 질소 화합물이다)로 배설한다. 배설물이나 동식물의 사체는 미생물이 분해하고, 질소 화합물의 일부는 질소 형태로 대기 중으로 돌아간다. 이러한 '**질소 순환**'을 통해 동식물은 체내에 질소를 흡수하는 것이다(그림 1).

식물이 섭취하는 질소 화합물은 좋은 비료가 되기도 한다. 대기와 비교해 지표에 있는 질소의 양이 적은데 1913년 독일의 화학자 하버와 보슈는 공기 중의 질소를 이용해서 암모니아를 대량 생산하는 기술을 개발해냈다. 이러한 화학 질소 비료의 발명으로 농업 생산은 발전했고 식량의 생산량도 늘어났다(그림 2). 그 외에도 질소는 다이너마이트, 액체 질소를 이용한 냉각재 등에도 이용되고 있다.

질소 화합물은 비료가 된다

▶ 질소 순환이란? (그림 1)

질소는 '대기→지표→식물→동물→지표→대기'로 끊임없이 순환한다.

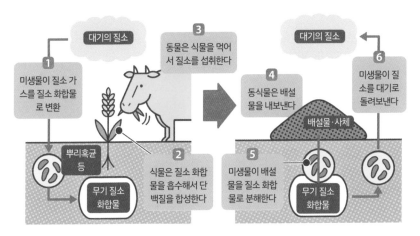

대기의 질소

1 미생물이 질소 가스를 질소 화합물로 변환

뿌리혹균 등

무기 질소 화합물

2 식물은 질소 화합물을 흡수해서 단백질을 합성한다

3 동물은 식물을 먹어서 질소를 섭취한다

4 동식물은 배설물을 내보낸다

배설물·사체

5 미생물이 배설물을 질소 화합물로 분해한다

무기 질소 화합물

대기의 질소

6 미생물이 질소를 대기로 돌려보낸다

▶ 질소로 암모니아를 만든다 (그림 2)

철을 촉매(화학 반응을 촉진하는 물질)로, 질소 가스와 수소 가스를 고온·고압 상태에서 반응시켜서 암모니아를 합성할 수 있다. 이러한 방식을 발명한 화학자 하버와 보슈는 노벨화학상을 받았다.

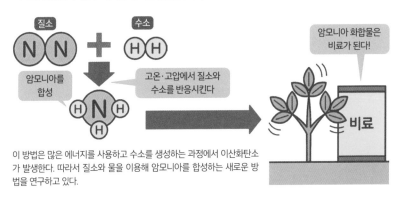

질소

수소

암모니아를 합성

고온·고압에서 질소와 수소를 반응시킨다

암모니아 화합물은 비료가 된다!

비료

이 방법은 많은 에너지를 사용하고 수소를 생성하는 과정에서 이산화탄소가 발생한다. 따라서 질소와 물을 이용해 암모니아를 합성하는 새로운 방법을 연구하고 있다.

34 산소 oxygen

O

지상의 생물들을 지켜주는 역할도?

그렇구나!

지각·바다·인체에서 가장 많은 구성 원소.
자외선으로부터 생물을 지켜주는 오존도 만들어낸다!

'산소'는 지상에서 가장 풍부한 원소다. 공기의 약 23%, 지각의 약 46%, 물의 약 86%를 차지한다. **인간의 약 65%(중량비)는 산소로 이루어져 있다.** 우주에서 세 번째로 많은 원소이기도 하다. 홑원소 물질인 경우에는 무색무취의 기체다. 물에 잘 녹고, 대부분의 원소와 반응해 산화물을 만들어낸다.

물체가 타는 것도 산소가 있기 때문이다. 목탄을 태우면 목탄의 탄소가 산소와 결합해 이산화 탄소와 열에너지가 발생한다(그림 1). 산소와 다른 물질이 결합하는 화학 반응을 **'산화 반응'**이라고 하는데, 이때 빛에너지나 열에너지가 나온다. 이러한 반응을 이용해 요리를 하거나, 대량의 산소를 이용해 고온으로 연소시켜서 금속을 제련한다. 또한 금속에 생기는 녹도 산화물의 일종이다.

인간은 호흡을 통해 산소를 흡수하며 살아간다. 세포의 미토콘드리아 내부에서는 세포 안으로 들어온 산소를 사용해 식물의 영양분에서 몸을 움직이는 데 필요한 에너지의 원천인 아데노신 삼인산(ATP)을 만든다. **산소에서 에너지를 얻는 것은 모든 생명 활동에서 통하는 원리다.**

한편 산소에는 **오존**이라는 동소체가 있는데, 성층권에 오존층을 만들어서 자외선을 흡수하는 역할을 한다. 그 덕분에 생물은 유해한 자외선으로부터 보호받을 수 있는 것이다(그림 2).

물체가 타는 것은 산화 반응

▶ 산소는 어떻게 연소하는가? (그림 1)

목탄(탄소)에 불을 붙이면 산소와 반응해 이산화 탄소가 생성된다. 산소는 다른 물질과 결합(화학 반응)할 때 빛에너지나 열에너지를 방출한다(연소 반응).

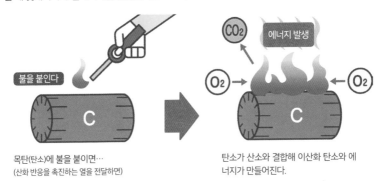

불을 붙인다

목탄(탄소)에 불을 붙이면…
(산화 반응을 촉진하는 열을 전달하면)

CO_2

에너지 발생

O_2 O_2

탄소가 산소와 결합해 이산화 탄소와 에너지가 만들어진다.

▶ 오존층이란 (그림 2)

성층권(약 11km 상공)에 도착한 산소(O_2)를 자외선이 산소 원자로 분해하고, 그 산소 원자가 주변 산소와 결합해 오존(O_3)이 된다. 오존은 자외선을 흡수해서 지상의 생물들을 자외선으로부터 보호한다.

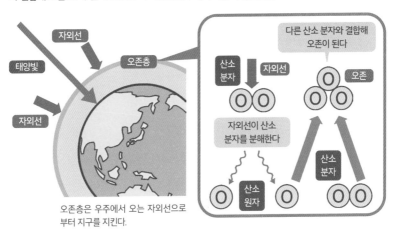

자외선

태양빛

자외선

오존층

다른 산소 분자와 결합해
오존이 된다

산소
분자   자외선

오존

자외선이 산소
분자를 분해한다

산소
분자

산소
원자

오존층은 우주에서 오는 자외선으로부터 지구를 지킨다.

35 플루오린 fluorine

F

치아를 보호하지만 오존층은 파괴한다?

치아의 재석회화에 도움이 되지만,
프레온 가스가 되면 환경을 파괴한다!

'플루오린(불소)'이라고 하면 치약에 사용되는 것으로 알고 있는 사람이 많을 것이다. **플루오린은 생명에 필수적인 원소로, 뼈와 치아에 함유되어 있다.** 대부분의 치약에는 플루오린 화합물이 들어 있는데, **치아의 내구성을 높이거나 충치를 예방하는 데 도움이 된다**(그림 1).

플루오린은 화합물이 되면 안정한 상태가 되므로 치약뿐만 아니라 다양한 용도로 활용되고 있다. 예를 들어 프라이팬의 테플론 가공에는 **플루오린 수지**(불소수지)라는 화합물을 사용한다(→ 64쪽). 플루오린화 수소산은 **유리를 부식시키는 작용**을 하는데 스웨덴에서는 이 성질을 이용해 유리에 문자나 장식을 새기기도 한다.

플루오린은 **모든 원소 중에서 전기 음성도가 가장 높은 원소로**(→ 64쪽), 거의 모든 원소와 반응해 플루오린 화합물을 만들 수 있다. 플루오린은 자연에서 홑원소 물질로는 존재하지 않는데, 홑원소 물질로 추출해낸 플루오린 가스는 연한 노란색을 띠는 기체로 독성이 있다.

과거에 플루오린은 **프레온 가스**의 구성 원소로서, 액체는 냉장고 등의 냉매로, 기체는 스프레이의 발포제 등에 쓰였다. 하지만 **상공에서 자외선이 프레온 가스를 분해하면 그 결과 방출된 염소가 오존에서 산소를 빼앗는다**는 사실이 1970년경에 확인되었다. 결국 오존층을 파괴한다는 이유로 전 세계에서 사용이 금지되었다(그림 2).

프레온 가스도 플루오린 화합물

▶ 플루오린과 충치 예방 (그림1)

플루오린 화합물이 치아의 법랑질에 흡수되면 법랑질(인산 칼슘)이 녹아내리는 '탈회'를 억제할 수 있다. 또한 녹은 법랑질을 원래대로 되돌리는 '재석회화'도 촉진한다.

※ 단, 과도한 플루오린 섭취는 몸에 좋지 않으므로 주의해야 한다.

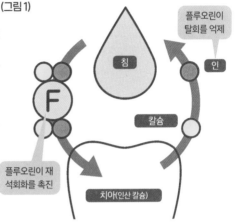

플루오린이 탈회를 억제

인

침

칼슘

F

플루오린이 재석회화를 촉진

치아(인산 칼슘)

▶ 오존층을 파괴하는 '프레온 가스' (그림2)

상공에서 자외선이 프레온 가스를 분해하면 오존층이 파괴된다.

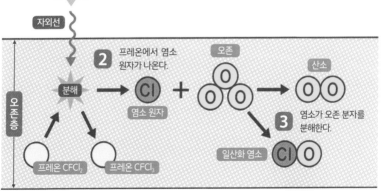

자외선

오존층

2 프레온에서 염소 원자가 나온다.

분해

Cl
염소 원자

오존

+

O O O

산소

O O

3 염소가 오존 분자를 분해한다.

프레온 CFCl₂ 프레온 CFCl₃

일산화 염소
Cl O

1 자외선은 오존층에 들어온 프레온을 분해한다.

3 때문에 오존층이 얇아지면 자외선이 강해지고 인체나 동식물에게 악영향을 끼친다!

36 소듐 sodium (나트륨 natrium)
Na
식생활에 없어서는 안 될 원소?

 화합물인 '소금'의 바탕이 되는 원소.
예로부터 세탁할 때도 썼다!

'**소듐**'은 **금속 원소**다. 다른 원소와 격렬하게 반응하므로, 자연에서는 홑원소 물질로 존재하지 않고 소듐 화합물로 존재한다. 홑원소 물질인 경우에는 무르고 은백색을 띤다.

소듐 화합물 중 '**소금(염화 소듐)**'이 우리에게 가장 익숙한 물질일 것이다. 조미료 외에 식재료를 보존할 때도 쓰이고 있다. 식품에 소금을 뿌리는 이유는 삼투압을 이용해 식품에서 수분을 제거해 부패균이 자랄 수 없도록 하기 위해서다(그림 1).

소듐 화합물은 다양한 곳에서 활약하고 있다. 산업 분야에서는 **가성 소다**(수산화 소듐)가 화학약품, 비누, 종이 제조 등에서 중요한 역할을 하고 있다. 소듐이 노란색으로 불꽃 반응을 일으키는 성질을 이용한 조명인 **소듐 램프**도 있다.

우리에게 익숙한 식품 중에서는 케이크를 부풀게 하는 가루인 **베이킹 파우더**(탄산수소 소듐), 곤약의 응고제나 중국식 면에 넣는 **간수**(둘 다 탄산 소듐), 다시마의 감칠맛을 내는 성분인 **글루탐산 소듐** 등 다양한 음식에 함유되어 있다(그림 2).

짠물호수에서 얻을 수 있는 **소다회**(탄산 소듐)는 예로부터 세탁할 때도 쓰였다. 알칼리 성질이 있어서 기름때를 분리해 오염 물질을 제거할 수 있기 때문이다.

염화 소듐=소금이다

▶ 소듐과 삼투압 (그림 1)

채소 표면의 소금물과 채소 세포 내부의 수분은 염분 농도가 다르다. 따라서 농도가 같아지려는 힘 (삼투압)이 작용해 채소 내부에서 수분이 빠진다.

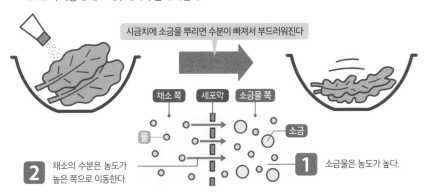

시금치에 소금을 뿌리면 수분이 빠져서 부드러워진다

채소 쪽 세포막 소금물 쪽

물

소금

2 채소의 수분은 농도가 높은 쪽으로 이동한다.

1 소금물은 농도가 높다.

▶ 조미료나 음식에 활용 (그림 2)

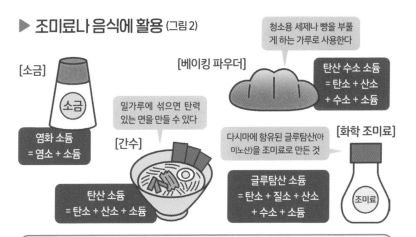

[소금]

청소용 세제나 빵을 부풀게 하는 가루로 사용한다

[베이킹 파우더]

탄산 수소 소듐
= 탄소 + 산소
+ 수소 + 소듐

소금

밀가루에 섞으면 탄력 있는 면을 만들 수 있다

염화 소듐
= 염소 + 소듐

[간수]

다시마에 함유된 글루탐산(아미노산)을 조미료로 만든 것

[화학 조미료]

탄산 소듐
= 탄소 + 산소 + 소듐

글루탐산 소듐
= 탄소 + 질소 + 산소
+ 수소 + 소듐

조미료

나트륨과 소듐

소듐의 과거 이름인 '나트륨'은 탄산 칼슘을 뜻하는 라틴어인 '나트론'에서 유래했다. '소듐'은 영어 표현인데, 과거에 소듐 화합물은 두통약으로도 쓰여서 아라비아어로 두통(약)을 의미하는 '소다'에서 유래했다고 한다.

37 마그네슘 magnesium

Mg

가볍고 강하고 광합성도 돕는다?

항공기, 노트북 등의 소재로 활약 중이다.
식물의 광합성에도 필수적인 **원소**!

'마그네슘'은 은백색의 가벼운 금속 원소다. 이름은 그리스 마그네시아 지역에서 얻을 수 있는 '마그네사이트'라는 광물에서 유래했다.

마그네슘은 **실용적인 금속 원소 중에서 가장 가볍다**. 알루미늄의 3분의 2 정도다. 그렇기 때문에 **항공기, 배, 노트북, 모바일 기기** 등 강도와 가벼움이 모두 충족되어야 하는 부품이나 본체에 합금 형태로 널리 쓰이고 있다(그림 1).

마그네슘은 식물의 엽록체에도 들어 있다. 엽록체는 식물 안에서 빛에너지를 양분 등 유기물로 바꾸는 작용을 하므로, **광합성에 없어서는 안 될 원소**다(그림 2).

한편 해수에는 **염화 마그네슘** 형태로 녹아 있다. 해수에서 소금을 얻은 후 남은 물을 '간수'라고 하며 두부 응고제로 쓰인다. **염화 마그네슘에는 수용성 대두 단백질인 두유를 굳히는 성질이 있다.** 그 외에도 마그네슘은 암석이나 다양한 화합물 형태로 존재한다. 해수에도 많이 녹아 있어서 자원량은 풍부하다.

참고로 마그네슘 분말을 가열하면 흰색 광선을 내뿜으며 연소한다. 그 점을 이용해 과거에는 **사진을 촬영할 때 플래시로 쓰기도 했다.**

마그네슘은 가벼운 금속 원소

▶ 마그네슘의 무게 (그림 1)

마그네슘은 다른 금속 원소보다 가볍고 웬만해서는 휘어지지 않는다.

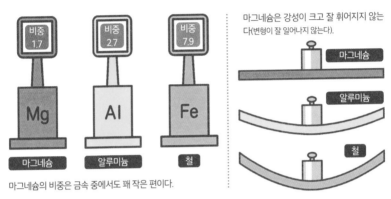

마그네슘의 비중은 금속 중에서도 꽤 작은 편이다.

마그네슘은 강성이 크고 잘 휘어지지 않는 다(변형이 잘 일어나지 않는다).

※ 비중: '물질'과 '같은 부피의 물'의 질량비로 물의 비중을 1로 한다. 각 물질의 무게를 비교할 수 있다.

▶ 광합성와 마그네슘 (그림 2)

마그네슘은 식물의 광합성에서 중요한 역할을 한다.

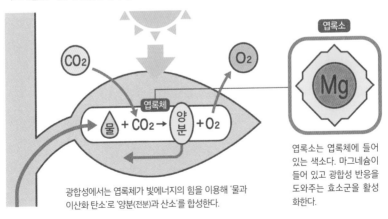

광합성에서는 엽록체가 빛에너지의 힘을 이용해 '물과 이산화 탄소'로 '양분(전분)과 산소'를 합성한다.

엽록소는 엽록체에 들어 있는 색소다. 마그네슘이 들어 있고 광합성 반응을 도와주는 효소군을 활성화한다.

38 알루미늄 aluminium

AI

1원이 되기도, 우주복이 되기도 하는 원소?

그렇
구나! 가볍고, 강하고, 부식되지 않고, 열과 전기의 전도율이
높고, 반사율이 높아서 **다방면에서 활용!**

1원짜리 동전 등에 사용되는 '알루미늄'. **지구 지각에서 가장 많은 금속 원소**다. 가장 중요한 금속 원소인 철의 뒤를 잇는 알루미늄은, 우리 생활 전반에 활용되고 있다. 홑원소 물질인 경우에는 강도가 낮아서 알루미늄 합금 형태로 성능을 강화해 사용하는 경우가 많다.

알루미늄이 널리 쓰이는 이유는 **무게가 철의 약 3분의 1로 가볍고, 강하며, 표면에 산화 피막을 만들어서 거의 부식되지 않는다는 특성**이 있어서다. 자동차, 항공기, 선박, 전차, 로켓 등 중량급 교통 기관에는 '**두랄루민**'(알루미늄, 구리, 마그네슘, 망가니즈로 만든 합금)이 많이 사용되고 있다. 얇게 펴는 등 가공하기 쉬워서 두께가 약 0.012mm인 가정용 알루미늄 호일부터, 음료수 캔, 조리 도구 등 우리 주변의 다양한 방면에서 활용되고 있다(그림 1).

열 전도율과 전기 전도율이 금, 은, 구리 다음으로 높아서, 대부분의 송전선은 알루미늄으로 만들어진다. 게다가 순도가 높은 알루미늄은 적외선, 자외선, 가시광선 등의 **전자파를 잘 반사한다.** 그렇기 때문에 난방기구나 조명기구, 우주복에도 쓰인다.

처음 발견된 19세기 초에는 알루미늄을 얻기 어려워서 금이나 은보다 고가였다. 현대에는 보크사이트(철반석)에서 얻은 산화 알루미늄을 전기분해해 추출하고 있다(그림 2).

알루미늄 제조에는
매우 많은 전기가 사용된다

▶ 알루미늄의 주요 용도 (그림 1)

알루미늄은 활용하기 쉬운 금속이므로 우리 생활 전반에서 발견할 수 있다.

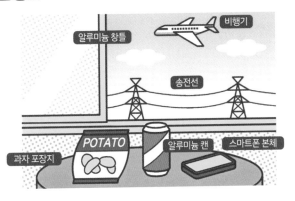

비행기
알루미늄 창틀
송전선
POTATO
과자 포장지
알루미늄 캔
스마트폰 본체

▶ 알루미늄 제조 (그림 2)

알루미늄은 보크사이트에서 추출하는데, 그 과정에서 전기가 매우 많이 필요하다.

재활용의 왕

알루미늄을 제조하는 데는 전기가 많이 필요한데, 알루미늄 캔을 회수해 재생 지금(base metal)을 만들면 새로 지금을 만들 때의 약 3%에 해당하는 에너지만 있으면 된다.

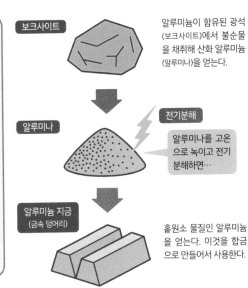

알을미늄 캔
전용 알미늄

보크사이트

알루미늄이 함유된 광석(보크사이트)에서 불순물을 채취해 산화 알루미늄(알루미나)을 얻는다.

전기분해

알루미나

알루미나를 고온으로 녹이고 전기 분해하면…

알루미늄 지금
(금속 덩어리)

홑원소 물질인 알루미늄을 얻는다. 이것을 합금으로 만들어서 사용한다.

사진으로 보는
원소
5

원소가 색을 칠한 아름다운 보석

원소 이름 산소, 베릴륨, 붕소, 플루오린, 마그네슘, 알루미늄, 규소, 바나듐,
크로뮴, 철

열에 따라 모습이 바뀌는 석영, 에메랄드나 아쿠아마린이 되는 녹주석 등 아름다운 보석을 만들어내는 광물을 소개한다.

두 종류의 보석이 되는 돌

녹주석

원소

베릴륨,
알루미늄,
규소 등

베릴륨을 주성분으로 하는 광물로, 결정은 육각기둥 모양이다. 아름다운 결정 중에서 초록색은 에메랄드, 파란색은 아쿠아마린이 된다.

에메랄드

녹주석
+
크로뮴이나 바나듐

아쿠아마린

녹주석
+
철

우리말로는 황옥

토파즈

원소 알루미늄, 규소, 플루오린 등

알루미늄이나 플루오린이 함유된 규산염 광물. 황옥이라고도 한다. 결정의 색은 다양한데 투명하고 연한 갈색 돌이 인기가 많다. 가열하면 분홍색이 되는 돌도 있다.

▲ 색이 다양한 돌이 있지만 우리말로는 '황옥'이라고 한다.

수정(석영) **원소** 규소, 산소

열 때문에 색이 바뀐다

석영은 이산화 규소로 이루어진 광물로, 투명한 결정은 수정이라고 한다. 무색이거나 흰색이지만 불순물이나 방사선의 영향으로 색을 띤다. 자수정은 철이 함유되어 있으며 열을 가하면 색이 변한다.

열을 가하면…

자수정 석영 + 철

▶ 철이 함유된 석영은 보라색이 된다.

황수정 석영 + 철

▶ 자수정이 열을 받으면 노란색으로 변한다. '시트린'이라고도 한다.

다채로운 색의 돌

원소 붕소, 규소, 알루미늄 등

토르말린

▶ '전기석'이라고도 하는 붕소 규산염 광물의 결정. 여러 가지 원소로 복잡하게 구성되어 색이 다채로운 보석이 된다.

올리브 색 돌

원소 마그네슘, 철, 규소 등

페리도트

▶ 감람석 중에서 투명하고 어두운 초록색 돌. 함유되어 있는 철에 따라서 초록색을 띤다.

39 규소 silicon

Si

'반도체'의 원료로 엄청난 인기?

반도체의 원료로 사용되어서, 전자기기에 필수적이다.
현대 사회에 빼놓을 수 없는 원소!

지구 지각의 90% 이상은 '규산염'이라는 암석으로, **지구 표면에서 '규소'는 산소 다음으로 많은 원소다.** 영어 이름인 실리콘(silicon)은 규사(석영의 알갱이로 이루어진 모래.-옮긴이)를 뜻하는 라틴어인 'silex'에서 유래했다.

고대 이집트에서는 석영(규사의 이산화 규소), 소다(탄산 소듐), 석회(탄산 칼슘)를 섞어서 녹여 유리 그릇을 만들었다. 현대의 창문 유리도 규사를 걸쭉하게 녹여서 만들고 있다. 석영은 수정(쿼츠)이라고도 하며, 시계에서 진동하는 횟수로 시간을 재는 데 쓰였다(→ 80쪽).

홑원소 물질인 경우에는 청회색이며 반도체의 성질을 띤다. 전기가 통하는 도체나 전기가 통하지 않는 절연체가 아니라, 그 중간의 성질을 띤 것이 반도체다. 반도체의 성질에 따라 전기의 흐름을 통제할 수 있는 것이다(그림 1). 트랜지스터나 다이오드 등 전자기기에서 빠질 수 없는 **반도체 부품은 규소가 주성분이다.** 또한 태양 전지에서도 규소로 만들어진 반도체 부품을 사용해 전기를 발생시키는 등, 매우 다양하게 쓰이는 원소다.

규소와 산소가 번갈아 연결된 연쇄 고분자 화합물은 **실리콘 수지**라고 한다. 실리콘 고무는 내열성과 내약품성이 뛰어나서 부엌이나 욕실의 창문에 유리를 접착시키는 물질(창틀 이음매를 메우는 충전재)이나 조리도구에 사용된다. 또한 실리콘 오일은 헤어 제품에도 쓰인다(그림 2).

유리와 반도체의 원재료

▶ 반도체의 구조 (그림 1)

규소에 불순물을 첨가하면 반도체의 성질이 나타난다. 다이오드는 p형 반도체와 n형 반도체를 조합해 전기 흐름을 통제할 수 있다.

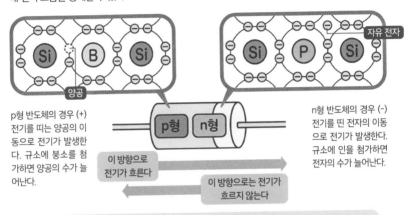

p형 반도체의 경우 (+) 전기를 띠는 양공의 이동으로 전기가 발생한다. 규소에 붕소를 첨가하면 양공의 수가 늘어난다.

이 방향으로 전기가 흐른다

이 방향으로는 전기가 흐르지 않는다

n형 반도체의 경우 (-) 전기를 띤 전자의 이동으로 전기가 발생한다. 규소에 인을 첨가하면 전자의 수가 늘어난다.

다이오드는 전기의 흐름을 일방통행으로 만드는 부품이다. n형과 p형을 접합해 순방향으로 전압을 걸면 전기가 흐르고, 역방향으로 전압을 걸면 전기가 흐르지 않는다.

▶ 규소의 주요 용도 (그림 2)

[창문 유리]

창문 유리의 원료는 규사를 걸쭉하게 녹여서 만든다.

[전자부품(반도체)]

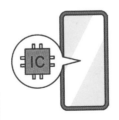

스마트폰의 집적회로는 반도체로 이루어져 있는데, 규소가 원료다.

[실리콘 수지]

실리콘 수지는 규소가 주성분이다. 내열성이 뛰어나서 식재료를 가열할 때 쓰이는 조리도구에 사용된다.

40 인 phosphorus
P
색깔에 따라서 성질이 다르다?

그렇
구나!

백린은 독성이 강하고 쉽게 타지만,
안전한 적린은 성냥에 활용**된다!**

'인'에는 발화하는 성질이 있어서 일상생활에 보급되기 시작한 것은 성냥에 쓰이면서 부터다. 1831년 프랑스에서는 백린을 성냥개비 머리에 발라서 어디에 대고 그어도 발화하는 성냥이 발명되었다. 하지만 백린은 쉽게 발화하고 중독될 위험도 있으므로 안전한 적린으로 만든 안전한 성냥으로 대체되었다. 인에는 **백린, 적린, 흑린, 자린 등 여러 동소체**(→ 52쪽)가 존재한다(그림 1).

인은 **농업용 비료**가 되기도 한다. 인 비료는 작물의 꽃이나 열매의 성장을 돕는다. 인은 동물의 뼈나 분뇨에 많이 함유되어 있어서 과거에는 그것 자체를 비료로 사용했다. 현재 인 비료는 아파타이트 같은 인광석으로 생산하고 있다.

또한 인은 **동식물에게 없어서는 안 될 필수 원소**이기도 하다. 인은 체중의 1.1% 정도로 뼈에 90%, 근육에 8%, DNA에 2% 들어 있다. 생물은 아데노신 삼인산(ATP)이라는 인 화합물을 체내에서 합성한다. ATP는 단백질의 합성이나 근육의 움직임 등 생명활동에 필요한 에너지를 공급하기 위한 일종의 '충전지'로, 여기에서도 인이 활약하고 있다(그림 2).

한편 **인은 독이 되기도 한다.** 제2차 세계대전 이전 독일에서 생산된 독가스인 사린은 인이 포함된 유기인 화합물이다.

인에는 여러 동소체가 있다

▶ 인의 종류 (그림1)

인에는 다양한 동소체가 있으며 색에 따라 이름이 정해진다.

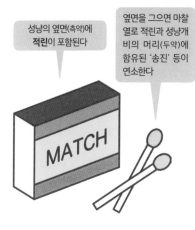

성냥의 옆면(측약)에 **적린**이 포함된다

옆면을 그으면 마찰열로 적린과 성냥개비의 머리(두약)에 함유된 '송진' 등이 연소한다

백린　밀랍 형태의 고체로 독성이 강하고 쉽게 발화한다(발화점 50℃). 황린이라고도 한다. 과거에는 성냥에 쓰였다. 산소를 단절시킨 상태에서 약 300℃로 가열하면 '적린'으로 바뀐다.

적린　암적색 분말로 백린과 자린의 혼합물이다. 약한 독성이 있으며, 약 260℃에서 발화한다. 안전한 성냥에 쓰인다.

흑린　백린을 고압·고온에서 가열하면 흑린이 된다. 공기 중에서는 발화하지 않을 정도로 안정하다. 반도체의 성질도 띤다.

자린　금속 광택이 있으므로 금속인이라고도 한다.

▶ 인체에서 활약하는 인 (그림2)

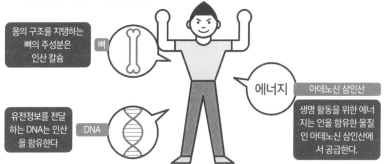

몸의 구조를 지탱하는 뼈의 주성분은 인산 칼슘

뼈

유전정보를 전달하는 DNA는 인산을 함유한다

DNA

에너지

아데노신 삼인산

생명 활동을 위한 에너지는 인을 함유한 물질인 아데노신 삼인산에서 공급한다.

흑린이 전자기기의 성능을 향상시킨다?

2014년 흑린에서 인 원자 1개 두께의 층을 분리해냈고 '포스포린'이라는 이름을 붙였다. 전자기기의 성능을 발전시키는 데 도움이 되는 성질이 주목받으며, 트랜지스터(전류를 제어하는 소자)나 태양전지 등에 활용하는 방법을 연구하고 있다.

41 황 sulfur
S
황 자체는 냄새가 나지 않는다?

그렇구나! 화약, 비료, 플라스틱 등의 소재. 황 자체는 냄새가 나지 않지만, 화합물이 썩은 냄새의 원인!

'황'은 화산 지대에서 자주 발견되는 원소다. 온천 지역에서 계란이 썩는 듯한 냄새가 나면 '황 냄새구나' 하고 생각하는 사람이 많을 것이다. 하지만 **사실 황 자체는 냄새가 나지 않는다.** 그 냄새의 원인은 황화 수소와 같은 황 화합물이다.

황은 예로부터 **화약 제조**에 사용되었다. 그리고 그 제조 과정에서 발생하는 것, 예를 들어 **황산철**은 직물의 염색에, **이산화 황**은 소독에 활용되는 등 다양하게 쓰이고 있다.

황과 산소로 이루어진 **황산**은 탈수 작용과 부식 작용이 강하게 일어나는 수용액이다. 화학 공업에서 빼놓을 수 없는데, 화약은 물론, 비료, 섬유, 화학약품, 플라스틱 생산을 비롯해 석유 정제, 축전지, 살균제의 원료 등 다방면에서 활용되고 있다.

황은 의외로 '고무'에도 사용된다. 1839년 미국의 굿이어는 '**가황법**'을 발명했다. 생고무에 황을 섞는 방법인데 탄성과 강도가 좋아지므로 타이어 등의 고무 제품에 쓰이고 있다(그림 1).

석유와 같은 화석 연료에는 황이 함유되어 있다. 자동차나 공장 등에서 화석 연료를 가열하면 이산화 황이 공기 중으로 퍼지는데, 그것이 **산성비**의 원인이 된다는 사실이 1970년대에 문제시되었다. 현재에는 배기가스의 황 산화물을 제거하는 탈황 공정을 거치므로 피해는 감소하고 있다(그림 2).

황 화합물이 대기오염의 원인

▶ 고무와 황 (그림 1)

생고무에 황을 섞어서 가열하면 탄성이 좋아진다. 이러한 가황법은 발명가 굿이어가 황이 들어간 고무를 난로에 떨어뜨린 것을 계기로 우연히 발명되었다.

고무 분자 사이를 황으로 연결하는 가교 구조

고무 분자

황 원자

천연고무

고무는 긴 분자로, 부드럽게 늘어나지만 한 번 잡아당기면 원래대로 돌아가지 않는다.

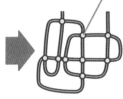

가황법을 적용한 고무

황을 섞으면 황이 다리를 놓는 역할을 해서, 잡아당겨도 원래대로 돌아가는 탄성이 생긴다.

▶ 산성비의 원리 (그림 2)

1 고대 동식물에는 황이 함유되어 있었다.

황은 원유 등의 화석 연료에도 함유되어 있다

2 고대 동식물이 죽은 후 화석 연료로 변한다. 따라서 황이 함유되어 있다.

3 원유를 가솔린이나 등유로 정제한다.

4 화석 연료가 연소하면 이산화 황(아황산가스) 등을 배출한다. 배기가스는 공기 중에서 황산으로 바뀐다.

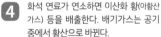

5 황산이 비에 녹아 산성비가 된다.

42 염소 chlorine
Cl
소독을 해주지만, 맹독이 되기도 한다?

그렇구나! 화합물은 **살균·소독** 등에 쓰인다.
다만, **염소 가스**는 맹독이므로 주의해야 한다!

살균·소독 작용을 하는 것으로 잘 알려진 '염소'는 어떤 원소일까?

염소는 많은 물질과 격렬하게 반응해 염화물을 만들어낸다. 염화물의 **표백과 살균 작용**은 예전부터 알려져 사용되어 왔다.

수돗물이나 수영장 물을 소독할 때, 세탁용 표백제로 사용하는 것은 **하이포아염소산 소듐**이다. 소독하지 않은 물은 콜레라균이나 티푸스균 등을 옮겨서 전염병을 일으키기 때문에, 염소의 살균 작용을 이용해 감염을 예방하는 것이다(아래 그림).

참고로 19세기경에 유럽의 세탁업자가 **하이포아염소산 칼슘**을 세정제로 사용했

▶ 정수센터에서 이루어지는 소독

1 강이나 호수에서 온 원수를 모아놓는 곳. pH를 조정하거나 활성탄으로 곰팡이 냄새를 제거한다.

2 침전지에서는 폴리 염화 알루미늄을 섞어서 작은 흙, 모래, 미생물을 응집시켜 가라앉게 한다.

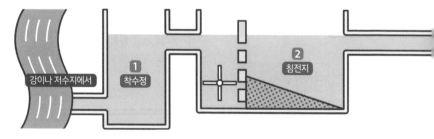

강이나 저수지에서
1 착수정
2 침전지

다는 기록이 남아 있다.

　이렇듯 소독에 쓰이는 염소이지만, **홑원소 물질인 염소 가스는 맹독**이다. 저농도일 때는 코나 목을 자극하고, 고농도일 때는 호흡곤란을 일으켜 경우에 따라서는 죽음에 이르기도 한다. 제1차 세계대전에서 독일군은 역사상 처음으로 화학병기를 사용했는데, 그것이 바로 염소 가스다.

　염소로 만들 수 있는 **폴리 염화 비닐**은 줄여서 '비닐'이라고도 하는데, 플라스틱의 일종이다. 내수성, 전기 절연성이 뛰어나 건축재부터 생활용품까지 다양하게 쓰이고 있다.

　1990년대에는 비닐을 태우면 **다이옥신류**라는 독성이 발생한다고 알려졌다. **현재는 정확한 발생 원리가 밝혀져서 비닐 자체가 원인이 아니라는 것이 알려졌다.** 다이옥신류는 비닐만이 발생원인 것이 아니다. 탄소·산소·수소·염소가 함유된 물질을 태우는 과정에서 의도치 않게 발생하는 독성 물질이다. 다이옥신류는 주로 쓰레기를 소각할 때 발생한다고 알려져 있다.

　지금은 다이옥신류의 환경 기준을 정해, 배출 규제와 환경 조사를 실시하고 있다. 배출량을 줄이기 위해 쓰레기 소각 시설도 개선해 현재는 수치가 낮아진 상태다.

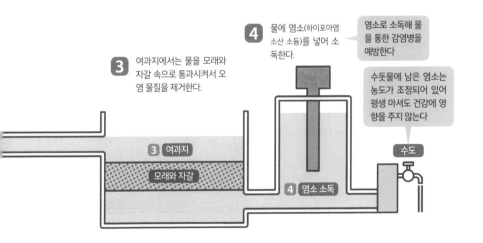

③ 여과지에서는 물을 모래와 자갈 속으로 통과시켜서 오염 물질을 제거한다.

④ 물에 염소(하이포아염소산 소듐)를 넣어 소독한다.

염소로 소독해 물을 통한 감염병을 예방한다

수돗물에 남은 염소는 농도가 조정되어 있어 평생 마셔도 건강에 영향을 주지 않는다

③ 여과지

모래와 자갈

④ 염소 소독

수도

43 칼슘 calcium
Ca
뼈뿐만 아니라 건축에도 필수?

 뼈, 치아, 조개껍데기 같은 생물의 기관을 만들고,
시멘트 같은 건축물의 재료에서도 빼놓을 수 없다!

석회암(탄산 칼슘)을 연소시키면 흰색 분말인 석회(산화 칼슘)가 만들어진다. 고대 로마인들은 석회를 'calx'라고 했는데, '**칼슘**'이라는 이름은 거기에서 비롯되었다.

예로부터 석회는 벽돌을 쌓을 때 이용하는 접착제(모르타르)나 회반죽(미장 재료) 등 **건축 소재로** 쓰였다. 하얗게 빛나는 **대리석도 석회암의 일종**으로, 로마 신전이나 밀로의 비너스같이 장식성이 높은 건축물이나 조각품의 석재에 활용되었다. **콘크리트의 원료인 시멘트의 주성분도 석회**다. 칼슘이라고 하면 우유에 함유되어 있어서 뼈를 튼튼하게 해주는 것으로 잘 알려져 있는데, **사실은 건축물에서도 빼놓을 수 없는 원소인** 것이다.

칼슘은 인체에도 필수적이다. **뼈와 치아의 주성분은 인산 칼슘**으로, 성인의 몸에는 약 1kg 존재하는데 대부분이 뼈와 치아에 들어 있다. 조개껍데기나 산호도 칼슘이 주성분이다(그림 1).

천연수는 **센물(경수)**와 **단물(연수)**로 구분할 수 있다. 빗물이 암석을 풍화시킬 때 암석에 함유된 칼슘이 물에 녹아들고, 그 칼슘의 함유량에 따라 물의 경도가 결정된다(마그네슘의 함유량으로도 결정된다)(그림 2).

칼슘이 물의 경도를 결정한다

▶ 칼슘의 주요 용도 (그림1)

[인간의 뼈와 치아]

뼈와 치아의 성분은 인산 칼슘이다. 성인의 체내에는 약 1kg이 존재한다.

[시멘트]

주성분은 석회(산화 칼슘)다. 콘크리트는 건축 토목의 재료로 도로나 건물에 쓰인다.

[석회 가공품]

칼슘 화합물이 흰색을 띠는 성질을 활용해 분필(탄산 칼슘), 석고(황산 칼슘)에 사용한다.

▶ 물의 경도 (그림2)

천연수에 함유된 칼슘과 마그네슘의 양에 따라 연수와 경수로 분류한다. 세계보건기구가 정한 기준에서는 120mg/L 미만이 연수, 120mg/L 이상이 경수다.

미국이나 유럽처럼 석회질 지역을 긴 시간 통과하면 경도가 높아진다.

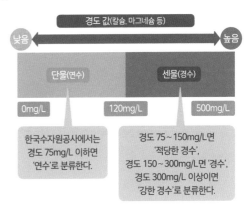

경도 값(칼슘, 마그네슘 등)

낮음 ◀━━━━━━━━━━━━━━━━━━━━━▶ 높음

단물(연수)   센물(경수)

0mg/L   120mg/L   500mg/L

한국수자원공사에서는 경도 75mg/L 이하면 '연수'로 분류한다.

경도 75~150mg/L면 '적당한 경수', 경도 150~300mg/L면 '경수', 경도 300mg/L 이상이면 '강한 경수'로 분류한다.

Q 소변에서 발견한 원소는 무엇일까?

질소 ＞ 또는 ＞ 포타슘 ＞ 또는 ＞ 인

연금술사들은 금을 만들어내는 데 너무 몰두한 나머지, 특이한 실험을 하는 경우도 많았다고 전해진다. 연금술사 브란트는 소변을 모아서 어떤 원소를 발견해냈다. 브란트가 발견한 원소는 무엇일까?

연금술이란 사람의 힘으로 비금속(쉽게 구할 수 있는 금속)을 금으로 바꾸려는 시도를 말한다. '만물은 불, 공기, 물, 흙, 이렇게 네 가지 원소로 이루어진다'고 생각하던 시대의 기술이다.

'**황금색 소변에는 은을 금으로 바꾸는 힘이 있지 않을까?**' 1669년, 금을 만들어내겠다고 마음먹은 독일의 유리 장인 브란트는 **양동이 60개 분량의 소변을 끓였고**, 밀랍 형태의 알 수 없는 물질이 남는 것을 발견했다(아래 그림).

소변에는 물 외에도 질소, 인, 포타슘, 소듐, 칼슘 등이 들어 있다. 브란트는 소변을 발효시키면서 가열했다. 그리고 남은 물질에서 추출한 밀랍 형태의 물질에 열을 가하자 쉽게 발화하는 것을 보고, **'빛을 운반하는 것'='phosphorus'='인'**이라는 이름을 붙였다.

따라서 정답은 '인'이다. 참고로 질소는 1772년, 포타슘은 1807년에 발견되었다.

인으로 '금'을 만들지는 못했지만, 브란트가 발견한 백린은 큰 반향을 일으켰다. 많은 사람들이 백린을 구하려 했지만, 브란트는 제조법을 비밀로 했다. 그래서 소량밖에 얻을 수 없었으므로 백린은 고가에 팔렸다고 한다.

1680년 영국의 화학자 보일과 그의 조수 행크 비츠는 백린을 만드는 방법을 독자적으로 밝혀냈다. 그리고 백린 공장을 세워 백린 제조로 큰 수익을 얻었다고 전해진다.

19세기에는 질소와 인산이 다량 함유된, 동물 대변의 화석인 '구아노'가 발견되었다. 이것이 비료로서 미국과 유럽에 수출되면서 당시 페루와 칠레의 번영에 공헌했다.

참고로 **소변에는 질소, 인, 포타슘이라는 삼대 비료가 모두 들어 있다.** 그 점에 착안해 소변을 활용해 새로운 비료를 만드는 연구도 진행되고 있다.

연금술사 브란트의 실험

1 1669년경, 공기를 차단하고 소변을 끓여서 흰색 밀랍 형태의 물질을 얻었다.

2 흰색 물질을 가열하자 자연발화해 어둠 속에서 빛을 방출했다. 참고로 인 60g을 얻기 위해 소변 5.5톤을 끓였다고 한다.

44

Ti

타이타늄 titanium
철보다 가벼우면서 경도는 2배?

그렇구나! 가볍고, 강하고, 녹이 슬지 않아
항공기부터 생활용품까지 **폭넓게 이용되고 있다!**

'타이타늄'이 함유된 광석은 1791년에 발견되었지만, 순수한 타이타늄을 추출할 수 있게 된 것은 그로부터 100년 이상이 지난 1910년이다. 대량 생산 기술이 발견된 것은 1946년이다. **타이타늄은 흰색 광택이 나는 금속 원소로, 가볍고, 강하고, 녹이 슬지 않는 성질** 덕분에, 우리 생활에서 빼놓을 수 없는 원소가 되었다.

타이타늄은 철보다 가볍고 경도는 약 2배이며, 알루미늄보다는 무겁지만 경도는 약 6배이고, 내열성도 뛰어나다. 따라서 가벼움과 단단함이 중요한 **항공기, 로켓, 우주선 등의 주요 부품**에 쓰이고 있다. 우리 주변에서 쓰이는 것으로는 **자동차나 캠핑용 조리도구, 목걸이나 안경테 같은 장신구** 등이 있다. 또한 인체에 해를 끼치지 않고 금속 알레르기를 일으키는 일도 거의 없으므로 **치아 임플란트, 치열 교정기, 관절이나 골절 치료에 사용되는 볼트나 플레이트** 등 의료 분야에서도 활용되고 있다(그림 1).

산화 타이타늄은 광촉매 성질을 띤다. 광촉매란 빛에너지에 따라 화학 변화를 촉진하는 물질이다. 자외선을 쬔 산화 타이타늄 표면에 오염 물질이나 세균이 닿으면 산화 환원 반응이 일어나 오염 물질이나 세균을 분해한다. 따라서 산화 타이타늄을 발라서 건물 외벽이나 주방, 화장실 등의 세균을 예방하거나 제거하고, 오염을 방지하는 것도 가능하다(그림 2).

타이타늄은 항균과 오염 방지에도 활용된다

▶ 타이타늄의 주요 용도 (그림 1)

[항공기]

블레이드 부분

항공기의 부품 중 온도가 600℃ 까지 올라가는 것에는 타이타늄 합금을 사용한다.

[장신구]

타이타늄 안경테

귀걸이

가볍고 튼튼하므로 안경테나 목걸이 등에 사용한다.

[의료기구]

치열 교정 와이어

침에 녹지 않고 쉽게 부식되지 않으며 단단하므로 의료용으로도 사용한다.

▶ 광촉매란? (그림 2)

산화 타이타늄이 빛을 받으면 그 효과로 오염 물질이나 냄새가 분해되거나 제거된다. 따라서 화장실 바닥이나 주택의 벽에 쓰인다.

광촉매의 발견

화학자인 후지시마 아키라는 1967년 광촉매를 발견했다. 그의 집은 산화 타이타늄으로 보호되고 있다고 한다.

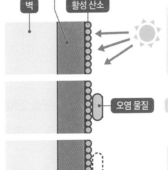

산화 타이타늄의 광촉매 도장

벽   활성 산소

오염 물질

태양빛이나 형광등 빛이 닿으면 산화 타이타늄의 표면에서 산소가 분해되어 활성 산소가 발생한다.

오염 물질이 붙으면…

활성 산소가 오염 물질을 물과 이산화 탄소로 분해한다.

45
Fe

철 iron
순수한 철은 거의 사용하지 않는다?

그렇 구나! '철골'에는 순수한 철이 아니라 탄소가 섞인 '강철'을 사용한다!

'철'은 은색으로 빛나는 금속 원소로, 지구의 지각에서는 산소, 규소, 알루미늄 다음으로 많이 존재하는 원소다. 자력을 주면 자석이 되는 '강자성체'라는 특성이 있다. 다른 물질과 화학 반응을 잘 일으키고 습한 공기 중에서는 산화되어 녹이 슨다. 고대 철기가 현대에 거의 남아 있지 않은 것은 그러한 성질 때문이다.

지금도 다양한 곳에서 사용되고 있는 철이지만, **과거에는 운석에 함유된 철·니켈 합금을 가열하고 가공해 철 제품을 만들었다.** 기원전 2000년경부터 철광석을 제련해서 철을 얻는 기술이 널리 퍼져 철제 무기와 도구를 만들었다. 이에 따라 청동기시대에서 철기시대로 변해간 것이다.

사실 철기시대의 무기와 현대의 철골은 모두 순수한 철이 아니라 탄소가 함유된 합금인 '**강철**'로 만들고 있다(그림 1). 강철은 열을 가하면 물러져서 가공하기 쉬워지고 담금질(급속 냉각)을 하면 경화되는 합금이다. **니켈, 크로뮴, 망가니즈** 등의 금속 원소가 섞인 합금강도 현대 생활에서 널리 쓰이고 있다(그림 2).

철은 생명의 필수 원소이기도 하다. 인체에 존재하는 철 중 약 65%는 적혈구의 헤모글로빈이 가지고 있다. 여기서 철은 산소와 결합해 산소를 폐에서 몸 전체 세포로 운반하는 역할을 한다.

고대 철기는 녹이 슬어서 지금은 남아 있지 않다

▶ 강철을 만드는 방법 (그림 1)

철 제품은 탄소가 함유된 철의 합금인 '강철'로 만들어지고 있다.

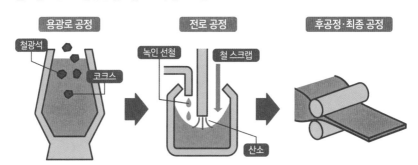

용광로 공정

철광석과 코크스(석탄)를 넣어서 선철을 만든다. 선철은 탄소가 약 3% 이상 함유된 철로, 단단하지만 깨지기 쉽다.

전로 공정

선철과 철 스크랩을 넣고 고압으로 산소를 불어넣어서 불순물을 제거한다. 탄소가 2% 이하인 '강철'이 만들어진다.

후공정·최종 공정

강철은 단단하면서도 가공하기 쉬우므로 늘리거나 도금 가공을 해서 철판 등으로 만든다.

▶ 합금강의 주요 활용 예 (그림 2)

[스테인리스강]

강철 ➕ 크로뮴

조리도구는 스테인리스강

부식에 강하고 녹이 슬지 않는다. 부엌이나 화장실의 철 제품에 주로 사용한다.

[고장력강(하이텐강)]

강철 ➕ 규소나 망가니즈 등

자동차의 프레임은 고장력강

인장강도가 높다. 다리, 건물, 자동차 등에 사용한다.

[합금공구강]

강철 ➕ 텅스텐이나 크로뮴 등

드릴 부분은 합금공구강

매우 단단하고 충격에 강하며 내열성이 높다. 절삭 공구 등에 사용한다.

46 구리 copper
Cu
사용하기 좋고 가격도 적당?

그렇구나! 전기와 열을 잘 전달하고 가격도 저렴하다.
구리 합금으로 동전을 만드는데 항균성이 뛰어나다!

'구리'는 붉은 빛을 내며 '동'이라고도 한다. 금과 은 다음으로 오래전부터 잘 알려진 금속 원소다. 예로부터 구리광산에서 채굴되어 현재도 철, 알루미늄 다음으로 많이 생산되는 금속이다.

구리는 전기와 열이 잘 통하고 거의 부식되지 않으며, 얇게 펴거나 길게 늘이는 등 부드럽게 가공하기 쉬운 금속이다. 따라서 전선, 전원 코드의 도선, 전기회로 등에 쓰이며, 부엌이나 화장실, 에어컨의 동관, 건물 지붕 등에도 쓰인다. 오랜 시간 햇볕을 쬔 구리 지붕에는 **'녹청'**이라고 하는 청록색 녹이 생긴다. 주성분은 염기성 황산 구리로 독성이 없고 색이 아름다워서 일부러 지붕에 녹청을 남겨두기도 한다(그림 1).

구리 합금은 기원전부터 **청동**(구리와 주석의 합금)으로 된 도구에 사용되어왔다. 사실 우리나라의 동전은 구리 합금으로 만들어졌다(1원 동전 제외). 동전은 대량으로 장기간 유통되기 때문에, 거의 부식되지 않고, 강한 합금을 쉽게 만들 수 있으며, 저렴하고, 안정적으로 공급할 수 있는 금속 재료로서 구리가 선택된 것이다(그림 2).

구리(구리 이온)는 은과 마찬가지로 항균성이 있다(→ 134쪽). 구리 용기에 붙은 세균이 사멸하는 효과에 대한 연구도 이루어지고 있으며, 은이나 구리를 섞은 항균 스테인리스도 개발되고 있다.

우리나라 동전은 대부분 구리 동전

▶ 구리의 주요 활용 예 (그림1)

[청동상(브론즈상)]   [금관악기]   [구리판 지붕]

구리와 주석의 합금. 가공하기 쉽고 녹이 슬지 않는다. 일본 나라현의 대불과 같은 불상은 대부분 청동상이다.

금관악기의 일부는 놋쇠(구리와 아연의 합금)로 되어 있다. '브라스 밴드'의 '브라스(brass)'는 놋쇠라는 뜻이다.

예로부터 지붕재로 쓰였으며 가볍고 내구성이 좋다. 일본의 절이나 신사에 자주 사용한다. 산화하면 녹청이 생긴다.

▶ 동전은 대부분 구리로 만들어진다 (그림2)

많은 양이 유통되기 때문에 저렴하고 안정적으로 공급할 수 있는 구리나 니켈을 사용한다.

500원 동전
구리(Cu) 75%
니켈(Ni) 25%

100원 동전
구리(Cu) 75%
니켈(Ni) 25%

50원 동전
구리(Cu) 70%
아연(Zn) 18%
니켈(Ni) 12%

10원 동전
구리(Cu) 48%
알루미늄(Al) 52%
구리씌움 알루미늄

5원 동전
구리(Cu) 65%
아연(Zn) 35%

1원 동전
알루미늄(Al)
100%

※ 출처: 한국은행 홈페이지 '주화의 변천'

배의 밑바닥에 구리를 바른다?

배의 밑바닥에 따개비 같은 것들이 붙어서 저항 때문에 속도가 느려지는 것을 방지하기 위해 배의 밑바닥에는 구리 화합물(아산화 구리)이 발려 있다. 예전에는 유기주석 화합물이 사용되었으나 안전과 생태계 보호를 위해 지금은 사용이 금지되었다.

47 은 silver
Ag
금보다 비싸던 때도 있었다?

그렇구나! 열과 전기의 전도성이 모든 금속 중에서 가장 좋다.
은광이 발견되기 전까지 금보다 비쌌다!

'은'은 은백색의 아름다운 금속 원소로, 금과 마찬가지로 가공하기 쉬운 소재다. 따라서 오래전부터 보석 장식품이나 공예품에 쓰였고, 생활용품이나 화폐로도 사용되었다. 은은 빛을 잘 반사하기 때문에 유리 뒤에 은으로 된 막을 붙여서 거울로도 활용하고 있다.

기원전 550년경 튀르키예에서는 은화가 처음으로 쓰이기 시작했는데, 사실 그 시대에는 **은이 금보다 비쌌다**. 16세기 대항해시대에 남미대륙에서 은광이 발견되기 전까지 은의 가치는 금의 두세 배였다고 한다. 지금은 통화로는 거의 쓰이지 않으며, 은 식기·장식품·산업용 금속으로 사용하고 있다.

은은 모든 금속 중에서 열과 전기의 전도성이 가장 뛰어나다. 그렇기 때문에 은 도금은 가전제품의 전기회로나 접속단자 등 전기기기 생산에서 활발하게 사용되고 있다(그림 1).

예로부터 은에는 살균 작용이 있다고 알려져서 부패를 방지하기 위해 은 용기에 음료수를 저장하기도 하고 질산 은을 살균제로 쓰기도 했다. 은 이온은 미생물 세포의 기능을 저해시키는 항균 작용을 하므로, 은 이온을 활용한 항균·탈취 스프레이나 생활용품이 있다. 참고로 **은은 황과 만나면 검정색 황화 은으로 변색된다.** 황화 수소가 함유된 온천에서 은 액세서리가 검게 변하는 것은 그런 이유에서다(그림 2).

과거에는 은화로 사용되었다

▶ **은의 주요 용도** (그림 1)   액세서리 외에도 우리 주변에서 다양하게 활용하고 있다.

▶ **은 액세서리가 검게 변하는 이유** (그림 2)

은의 표면에서 공기 중의 황과 결합하면 검정색 황화 은 피막이 생긴다.

[황화 은의 화학식]

$$2Ag \ (은) \ + \ H_2S \ (황화 수소) \ = \ Ag_2S \ (황화 은) \ + \ H_2 \ (수소)$$

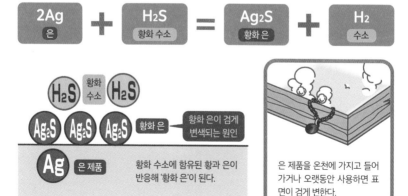

황화 수소에 함유된 황과 은이 반응해 '황화 은'이 된다.

은 제품을 온천에 가지고 들어가거나 오랫동안 사용하면 표면이 검게 변한다.

48 주석 tin

Sn

다른 금속을 도와주는 동료 같은 존재?

'주석'은 익숙한 원소는 아니지만, 사실은 다른 원소와 결합해 매우 다양하게 활용하고 있다.

주석은 은백색의 무른 금속 원소다. 공기 중에서든 수중에서든 안정해서 **쉽게 부식되지 않는다.** 주석석(산화 주석으로 이루어진 광물)에서 쉽게 추출할 수 있으므로 예로부터 사용해왔다.

홑원소 물질인 경우에는 너무 무르기 때문에 다른 금속과 결합해 사용한다. **청동**은 기원전 3000년경부터 시작된 청동기 시대를 연 합금이다. **구리**와 **주석**이라는 무른 원소를 섞었더니 단단한 합금인 청동이 만들어진 것이다. 장신구, 무기, 식기, 청동상 등 다양한 것들을 만들 수 있다.

주석은 금속 표면에 피막을 만드는 공정인 **도금**에도 쓰인다. **양철**은 철을 주석으로 도금한 것인데 부식을 방지한다. 통조림, 양철캔, 양철 장난감 등에서 찾아볼 수 있다. 그 외에도 주석은 납 같은 금속과 섞어서 금속끼리 연결하는 **땜납**에 사용한다(그림 1).

주석은 외관이 은과 비슷한 색을 띠기 때문에 지금도 장식품, 식기 등 생활용품에 쓰이고 있다. 다만 **홑원소 물질인 경우에는 추운 곳에 오래 두면 변질된다는 특성이 있다.** 따라서 주석으로 만든 식기는 냉동실에 넣지 않도록 주의해야 한다(그림 2).

주석은 차갑게 하면 물러진다

▶ 주석의 주요 활용 예 (그림1)

[양철]

철 + 주석

강철판을 주석으로 도금한 것이다. 내식성이 좋고 독성이 없기 때문에 통조림, 장난감 등에 사용한다.

[청동]

구리 + 주석

구리와 주석으로 만든 합금. 가공하기 쉬워서 기원전부터 청동방울 같은 제사용 도구, 무기, 농기구, 생활용품을 만드는 데 사용했다.

땜납

납 + 주석

납과 주석으로 만든 합금. 이것을 녹여서 금속끼리 연결시키거나 전기부품을 기판에 고정할 수 있다.

▶ 주석은 추위에 약하다? (그림2)

주석은 상온에서는 흰색의 금속 광택이 있는 주석(백색 주석)이지만, 오랜 시간 동안 13℃ 이하에 두면 무른 회색 주석이라고 하는 동소체로 변한다. 게다가 -30℃ 이하가 되면 굉장히 약해진다.

주석 컵

열전도가 잘 되어서 차갑게 하면 금방 시원해진다

냉동시키면 무르게 변질된다…

나폴레옹의 단추

1812년 프랑스의 나폴레옹이 러시아 제국을 침공했을 때, 병사의 군복에 주석으로 만든 단추가 달려 있었는데, 극한의 추위에 단추가 부서졌다는 일화가 있다. 당시에는 겨울에 전염병처럼 주석 제품이 변색되었기 때문에 '주석 페스트'라고 불렸다.

49 백금 platinum
Pt
금보다 귀하고 비싼 원소?

암세포를 억제하고 연료전지의 촉매 역할도 하지만
산출량이 매우 적다!

비싼 소재라고 하면 '금'을 떠올리기 쉬운데, 그것보다 고가인 소재가 바로 **'백금'**이다. 금의 연간 산출량은 약 3000톤인데 비해, 백금은 약 200톤으로 매우 희소하다. 그렇다면 백금은 어떤 성질을 띠는 원소일까?

'백금'은 은백색의 금속 원소로 다른 물질과 거의 반응하지 않고 내열성이 좋다. 이리듐이나 팔라듐 같은 백금족 원소와의 합금은 **보석 장식품이나 만년필의 펜촉, 치과 치료용 충전재** 등 다방면에서 쓰이고 있다. 또한 화학적으로 안정하므로 실험 도구나 전극 등에도 사용한다.

백금 화합물인 시스플라틴은 항암제로 사용되기도 한다. 암세포의 분열을 억제하고 사멸시키는 효과가 있지만 부작용도 따르므로 개선하기 위해 연구를 계속 진행하고 있다(그림 1).

백금은 질산 등의 **화학 물질 제조, 석유 정제를 위한 촉매**(화학 반응을 촉진하는 물질)에도 필수적이다. 백금족 원소를 촉매로 해서 배기가스에 함유된 **유해 물질을 무해하게 만드는 장치**가 가솔린 엔진 자동차에 장착되어 있다(그림 2). 연료전지 자동차에도 백금은 빼놓을 수 없다. 연료전지에서는 수소와 산소가 반응해 물이 만들어질 때 전기가 발생한다. 이때 환경은 고온고압이어야 하는데 백금을 촉매로 사용하면 저온저압에서도 반응을 일으킬 수 있다.

백금은 다방면에서 촉매로 쓰인다

▶ 백금의 주요 용도 (그림 1)

백금은 은백색의 외관을 살려 장식품에 쓰이는 것뿐만 아니라, 백금의 성질을 활용해 의외로 다양한 곳에서 사용하고 있다.

[보석 장식품(플래티넘)]

백금은 플래티넘이라고도 한다. 희소성과 아름다운 은백색 때문에 장식용 귀금속으로 사용한다.

[실험 도구]

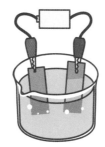

화학적으로 안정하기 때문에 도가니나 전극 등 실험 도구의 재료로 사용한다.

[약]

시스플라틴은 세포가 분열하기 어렵게 하는 성질이 있어서 암의 화학 치료에 활용한다.

▶ 백금 촉매란? (그림 2)

백금은 수소와 산소를 대량으로 흡수하고, 흡수한 수소와 산소를 활성화하기 때문에, 산화 환원 반응의 촉매가 된다. 이러한 성질을 이용해 배기가스를 무해하게 만든다.

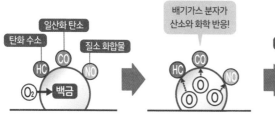

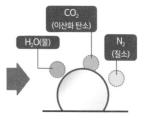

1 백금은 산소를 흡수한다. 또 배기가스의 분자는 백금 원자에 달라붙는다.

2 활성화된 배기가스 분자와 산소가 산화 환원 반응을 한다(→ 73쪽).

3 유해한 배기가스가 무해한 물질로 변한다.

50 금 gold

Au

아주 옛날부터 모두가 좋아했다?

그렇구나! 아름답고 쉽게 변질되지 않으며 가공하기 좋고 열과 전기가 잘 통하는 **슈퍼 금속으로 인기!**

고가의 소재로 알려진 '금'에는 어떤 성질이 있을까?

금속 원소인 금은 **다른 물질과 거의 반응하지 않기 때문에 쉽게 부식되지 않고 아름다운 황금빛이 오래도록 유지된다.** 또한 무르다는 특성 때문에 금 1g으로 두께가 0.0001mm인 금박으로 펴거나 길이가 약 3km인 실로 늘일 수 있는, 가공하기 쉬운 소재이기도 하다(그림 1).

산출량이 매우 적기 때문에 기원전부터 장식 공예품이나 통화 등 가치가 높은 귀금속으로 취급되었다. 고대 이집트의 피라미드에서 발견된 왕의 황금 가면이 대표적인 예다. **약 3000년이 넘는 시간이 지나도 황금빛은 그대로 유지되고 있다**(그림 2). 현재는 통화로는 거의 사용하지 않고, 재산이나 투기 대상으로 거래되고 있다.

금은 주로 보석 장식품에 쓰인다. 홑원소 물질인 경우에는 너무 무르기 때문에 구리, 은, 백금 등을 섞은 합금으로 사용한다. 금의 순도는 '캐럿(karat, 단위는 K)'으로 나타내며 순금은 24캐럿이다.

금은 귀하기 때문에 **금 도금**(금속 재료의 표면에 얇은 금박을 씌우는 일) 장식으로도 쓰인다. 일본의 나라현에 있는 불상은 수은을 이용해 금 도금이 되어 있다. 그 외에도 금은 **열 전도성과 전기 전도성이 높으므로** 가전제품의 전기회로나 접속단자에도 금 도금이 쓰인다.

금은 황금빛을 잃지 않는다

▶ 금은 가공하기 쉽다 (그림1)

금은 무르기 때문에 얇게 펴거나 길게 늘이는 등 가공하기 쉽다.

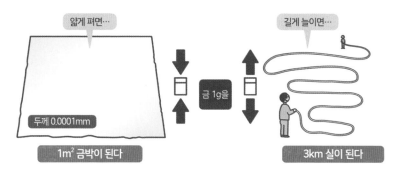

얇게 펴면…

길게 늘이면…

금 1g을

두께 0.0001mm

1m² 금박이 된다

3km 실이 된다

▶ 황금 마스크에 사용한 원소 (그림2)

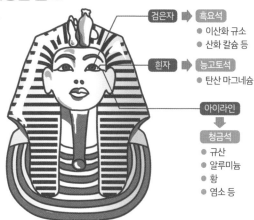

고대 이집트의 투탕카멘의 황금 마스크. 기원전 14세기경에 만든 것이지만 지금도 빛이 바래지 않았다.

마스크는 23캐럿인 금 합금판을 가공해 18캐럿과 22캐럿인 금의 합금 분말을 바른 것이다. 금 합금에는 소량의 은과 구리가 함유되어 있다.

검은자 ▶ 흑요석
● 이산화 규소
● 산화 칼슘 등

흰자 ▶ 능고토석
● 탄산 마그네슘

아이라인
▶ 청금석
● 규산
● 알루미늄
● 황
● 염소 등

현대의 연금술? 가속기를 이용해 금이 아닌 원자들을 충돌시켜서 금을 만드는 것은 가능하다. 하지만 그때 소모되는 에너지에 걸맞은 양의 금을 만들 수는 없다 보니 수지가 맞지 않는다.

※ 우다 마사유키의 「ツタンカーメン黄金のマスクのX線分析(투탕카멘 황금 마스크의 X선 분석)」을 참고해 작성했다.

Q 인류가 지금까지 캐낸 금의 총량은 얼마나 될까?

| 수영장※
3개 분량 | 또는 | 돔 구장
3개 분량 | 또는 | 국제공항
3개 분량 |

금은 예로부터 전 세계 사람들을 매료해왔다. 사실 지금까지 금이 얼마나 채집되었는지, 대략적인 산출량은 추정할 수 있다. 그렇다면 현재까지 채굴된 금의 양은 어느 정도일까?

※ 수영장은 가로 50m, 세로 25m, 깊이 2.75m로 계산했다.

기원전 3000년경 메소포타미아 문명이나 이집트 문명의 유적에서도 금 장식품이 출토되었듯이, **금은 인간이 오래전부터 알고 있던 금속 원소**다. 금은 광산이나 강 바닥 같은 자연에서 자연금의 형태로 발견할 수 있다. 눈에 보이지 않는 정도의 사금이나 무게가 꽤 나가는 금괴 형태로 나올 때도 있다. 구리나 아연 등의 광석에 섞여 있기도 하다. **금광석에서는 1톤당 평균 5g 정도의 금을 얻을 수 있다고 한다.** 너무 적다고 생각하는 사람도 있을 것이다. 그만큼 금은 산출량이 아주 적은 것으로 유명한 금속 원소이기도 하다.

그렇다면 지금까지 지구상에서 채집된 금은 얼마나 될까? **2021년까지의 금 산출량은 약 20만 톤인 것으로 추정한다.** 그것은 올림픽 경기용 수영장 3개에 해당하는 양이다. 따라서 정답은 '수영장 3개 분량'이다. 채굴된 금 중 46%는 보석 장식품에 쓰이고, 22%는 투기용 금괴나 금화에 쓰이며, 17%는 중앙은행에서 보유한다.

매년 약 3000톤의 금을 채굴하는데, 아직까지 자연에 묻혀 있는 금은 얼마나 될까? **세계에서 채굴 가능한 금은 약 5만 톤인 것으로 추정한다.** 다만 현재 상태에서는 비용이 더 많이 들어서 채굴하지 않는 것일 뿐이며, 머지않아 채굴할 수 있게 될 금도 아직 많이 남아 있다.

예를 들면 해수에도 금이 함유되어 있는데 총량은 지각에 있는 것보다 많을 것으로 예상한다. 참고로 2022년 금을 가장 많이 산출한 국가는 중국 330톤, 호주 320톤, 러시아 320톤 순이다. 일본에서도 가고시마의 히시카리 광산에서 연간 6톤 정도의 금이 산출되고 있다.

금 산출량이 많은 국가는?

국가명	1년간 산출량 (2022년)
중국	330톤
호주	320톤
러시아	320톤
캐나다	220톤
미국	170톤
카자흐스탄, 멕시코	120톤
남아프리카	110톤

[금을 캐는 방법]

1. 금광산에 갱도를 파고 광맥을 찾아간다.
2. 화약 등으로 광맥을 부수고 광석을 운반한다. 1톤의 광석에서 평균 5g의 금을 얻는다.
3. 금광석을 선별해 제련소에 보낸다.
4. 제련소에서 순금을 추출한다.

※ 출처: U.S. Geological Survey-Mineral commodity summaries 2023

51 납 lead

Pb

편리한 중금속이지만 취급 주의?

납 총알, 인쇄 등에 다양하게 활용되었지만,
독성이 있으므로 다른 금속으로 대체되고 있다!

'납'은 오래 전부터 인간이 사용해온 금속 원소다. 원래는 청백색이지만 공기 중에서 산화되면 납색(흑청색)으로 바뀐다. 방연석이라는 광석에서 추출할 수 있고, 잘 녹고 무르며 가공하기 쉽고 부식되지 않는다(표면에 산화 피막이 생긴 경우).

로마 제국의 대도시에서는 **납으로 만든 수도관이나 그릇을 사용했고, 산탄총의 납 총알, 납 가루 화장품, 활판 인쇄의 활자, 의약품, 그림 안료** 등 납과 납 화합물은 다양한 생활용품에 쓰였다.

하지만 **납에는 독성이 있다.** 혈액에 들어가면 산소를 운반하는 헤모글로빈의 합성을 방해해 빈혈을 유발한다. 체내에 축적되면 손발 저림이나 뇌 장애 등의 원인이 되기도 한다. 지금은 일상생활과 관련된 곳에 사용하지 못하므로 다른 금속으로 대체하고 있다.

하지만 바꿀 수 없는 부분에는 여전히 쓰이고 있다. 자동차 배터리에 납축전지를 사용하고, 방사선이 통과하지 않는다는 성질을 활용해 **X선 검사 시 차폐가 필요한 부**분에 쓰이고 있다(그림 1).

납의 양성자 수는 82개로, 이는 안정성이 높은 숫자다. 우라늄 등 천연 방사성 원소는 원자핵이 붕괴를 거듭한 끝에 납이 된다. 이 성질을 활용해 **수억~수십억 년 전에 있었던, 지구에서 가장 오래된 암석이나 광물의 연대를 측정할 수 있다**(그림 2).

납은 독성이 있는 원소

▶ 납의 주요 활용 예 (그림 1)

과거

고대 로마에서는 술을 담는 용기에, 과거 일본에서는 수도관에 납을 사용했다. 고대 그리스에서는 화장품에 납 가루를 사용했다고 한다.

현대

현대에도 자동차 배터리(납 축전지)나 X선 검사 시 입는 납 방호복 등에 사용한다.

▶ 우라늄과 납으로 연대를 측정하는 법 (그림 2)

암석이나 광석에 함유된 납의 양을 조사함으로써 그 암석이 수백만 년~수십억 년 전에 존재하던 것인지 연대를 추정할 수 있다.

시간이 경과하면 광물 내부에서 방사성 원소인 우라늄이 붕괴를 거듭해 납이 된다.

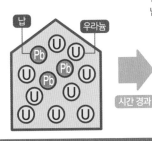

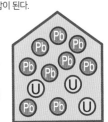

시간 경과

암석에 함유된 납의 수를 세면 암석의 나이를 알 수 있다!

로마인들 중에는 납 중독이 많았다?

로마 제국에서는 생활 용수를 공급하기 위해 수도를 건설했는데, 납으로 만든 수도관을 사용했다. 또한 와인의 아세트산과 납이 반응해 만들어내는 '아세트산 납'은 단맛을 더해주었고, 와인을 보존하는 데도 납이 쓰였다. 그 결과 로마인들 중에는 납 중독이 많았다고 한다.

52 우라늄 uranium

U

원자력 발전에 필수. 원래는 착색제?

그렇구나! '핵분열'을 일으키는 방사성 원소.
원래는 유리에 색을 입히는 데 쓰였다.

'우라늄'은 원자력 발전에 필수적인 원소인데, 핵분열이 발견되기 전에는 **유리에 형광 녹색을 입히는 착색제**로 사용되었다.

1896년 프랑스의 베크렐은 우라늄에서 미지의 광선이 나오는 것을 우연히 발견하고 **방사성 원소**를 찾아냈다(그림 1). 1938년 우라늄에 중성자를 충돌시키면 바륨이 생긴다는 예상치 못한 현상을 발견했다. **원자 번호 92번인 우라늄 원자핵이 원자 번호 56번인 바륨과 원자 번호 36번인 크립톤으로 분열**하며, 막대한 에너지가 생성된다는 것이 밝혀졌고, 이는 '**핵분열**'의 발견으로 이어졌다(그림 2).

1939년 이탈리아의 페르미 연구팀은 **핵분열 연쇄 반응**을 발견했다. 연쇄 반응을 일으키는 것은 **우라늄 235**. 핵분열을 일으키기 쉬운 방사성 동위 원소로, 붕괴 후에 절반이 다른 원소로 바뀌기까지 걸리는 시간(반감기)은 약 7억 년이다.

중성자가 우라늄 235의 원자핵에 충돌하면 분열하고 에너지가 발생한다. 이때 중성자가 방출되며 연쇄적으로 분열이 일어난다. **1g의 우라늄 235에서 석유 2000L를 태운 것과 비슷한 양의 열이 발생한다.** 1942년 핵분열 연쇄 반응을 제어하는 원자로가 세계 최초로 만들어졌다. 핵분열을 한꺼번에 일으키게 하는 것이 원자 폭탄이다.

참고로 자연에 존재하는 우라늄은 대부분 우라늄 238로, 핵분열이 일어나기 어려운 방사성 동위 원소다(반감기는 약 45억 년).

우라늄은 핵연료로 사용된다

▶ 우라늄 원자핵의 붕괴 (그림1)

우라늄을 비롯한 방사성 원소는 원자핵이 불안정하다. 시간이 지남에 따라 방사선을 방출하며 붕괴해 다른 원소로 바뀌어간다.

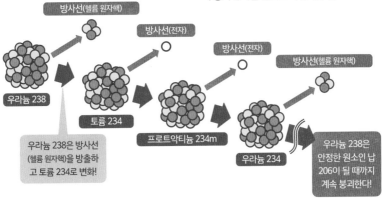

▶ 우라늄의 핵분열 (그림2)

우라늄 원자핵에 중성자가 충돌하면 원자핵은 분열되고 동시에 열에너지와 중성자가 발생한다. 원자로에서는 이 열에너지를 이용해 전기를 만든다.

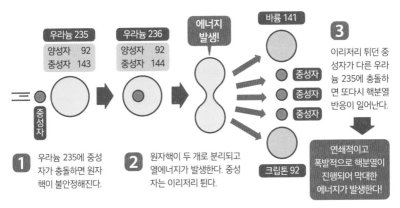

※ 위 그림은 우라늄 235 핵분열의 한 예다.

53 플루토늄 plutonium

Pu

인류가 만들어낸 위험한 원소?

높은 방사능과 강한 독성이 있지만,
'원자로', '원자력 전지'에 이용된다!

'플루토늄'은 1940년에 만들어진 인공 원소다(그림 1). 이 원소의 정체는 **강한 방사능과 독성이 있는 방사성 원소**다. 체내에 흡수되어 오랫동안 머무는 경우 내부 피폭으로 뼈나 간에 쌓여 암의 원인이 되기도 한다.

플루토늄은 **고속 증식로의 연료**로 사용된다. 고속 증식로란 핵연료인 우라늄 238에 중성자를 흡수시켜서 플루토늄 239를 만들어냄으로써, 발전에 소비된 양보다 많은 핵연료를 생산하는 원자로를 가리킨다. 일반적인 **원자로의 60배나 되는 양의 에너지가 발생한다고 한다**(그림 2).

동위 원소인 플루토늄 239는 중성자 충돌로 핵분열 연쇄 반응을 일으킨다. 제2차 세계대전 당시 나가사키에 투하된 **원자 폭탄의 핵물질**에 플루토늄 239가 사용되었다.

동위 원소인 플루토늄 238은 핵분열성이 없어서, 가볍고 수명이 긴 **원자력 전지**로서 아폴로 우주선이나 뉴호라이즌 탐사선 등에 에너지원으로 활용되고 있다(→ 78쪽).

방사성 붕괴로 플루토늄 239의 절반이 다른 원소로 바뀌기까지 걸리는 시간(반감기)은 2만 4110년이다. 핵 확산을 막기 위한 플루토늄의 관리·폐기는 인류에게 중요한 과제가 되었다.

독성이 강한 인공 원소

▶ 플루토늄이 발견되기까지 (그림1)

미국 캘리포니아대학교 버클리 캠퍼스의 연구팀은 우라늄 238에 중양자(양성자 1개, 중성자 1개)를 충돌시킴으로써 플루토늄을 만들어냈다. 플루토늄은 원자로 내부에서 다음과 같은 과정을 통해 만들어진다.

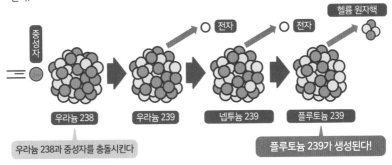

▶ 고속 증식로란? (그림2)

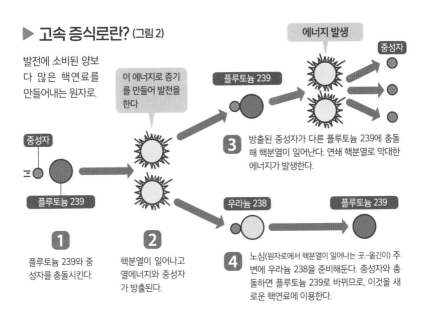

발전에 소비된 양보다 많은 핵연료를 만들어내는 원자로.

1 플루토늄 239와 중성자를 충돌시킨다.

2 핵분열이 일어나고 열에너지와 중성자가 방출된다.

3 방출된 중성자가 다른 플루토늄 239에 충돌해 핵분열이 일어난다. 연쇄 핵분열로 막대한 에너지가 발생한다.

4 노심(원자로에서 핵분열이 일어나는 곳.-옮긴이) 주변에 우라늄 238을 준비해둔다. 중성자와 충돌하면 플루토늄 239로 바뀌므로, 이것을 새로운 핵연료에 이용한다.

꿈속에서 주기율표를 발명했다?

드미트리 멘델레예프
(1834~1907)

멘델레예프는 러시아 화학자다. 원소를 원자량순으로 배열하면 비슷한 성질의 원소가 반복되어 나온다는 사실을 알아차리고, 당시에 알려져 있던 64가지 원소에 미지의 원소까지 추가해 정리했다. 그야말로 현재 '원소 주기율표'의 기초를 마련한 인물이라고 할 수 있다.

멘델레예프는 시베리아 토볼스키에서 14형제 중 막내로 태어났다. 상트페테르부르크 대학교에서 수학, 물리, 화학을 공부하고, 1864년에 화학 교수가 되었다. 대학 강의를 위해 『화학의 원리』를 집필했는데, 그때 원소에 대해 해설했던 것을 계기로 '원소 주기율표'를 제작하게 되었다.

멘델레예프는 '반복', 즉 주기성의 법칙은 발견했지만 그것을 정리하는 데에는 고전했던 것으로 전해진다. 어느 날 하루 종일 원소와 씨름하다가 잠이 든 멘델레예프는 꿈속에서 선명한 주기율표를 보았다. 잠에서 깬 그는 꿈에서 본 주기율표를 책상 위에 놓여 있던 봉투 뒷면에 재빠르게 옮겨 적어서 완성했다고 한다(→ 24쪽).

멘델레예프는 주기율표 외에도 기술 백과사전 발행, 유전 조사, 러시아 최초의 석유 정제소 설립 등, 화학 연구와 산업의 발전을 위해 최선을 다했다. 101번 원소인 멘델레븀은 그의 업적을 기리며 정해진 이름이다.

제3장

내일이라도 당장
이야기하고 싶어지는
원소 이야기

'원소 이름의 유래', '이온', '인공 지능'에 대한 이야기부터 '연금술의 역사'
까지, 누구에게든 이야기해주고 싶은 원소의 이모저모를 살펴보자.

54 원소 이름은 어떻게 정할까?

그렇 구나! 천체, 신화, 지명 등 원소 이름의 유래는 다양하다.
신원소는 발견자가 이름을 붙일 수 있다!

원소 이름은 어떻게 정하는 것일까?

모든 원소 이름에는 유래가 있고, 이름을 붙이는 방법도 다양하다. 예를 들어 **수소**는 산소와 반응해 물이 된다는 점에서 착안해서, **그리스어 'hydro(물)'와 'genes(만들다)'**에서 이름이 만들어졌다.

금속 원소인 **코발트는 도깨비라는 뜻의 'kobold'에서 유래되었다.** 코발트가 함유된 광석에는 비소도 함유되어 있어서, 금속을 추출할 때 유해한 연기가 나오기 때문에 광부들을 두렵게 했다. 광부들은 그것을 도깨비가 자신을 방해하려는 짓이라고 생각해 'kobold'라고 불렀고 원소 이름은 거기에서 유래되었다. 원소 이름의 유래는 천체, 신화, 지명·국가명 등 몇 가지 유형으로 정리할 수 있다(→ 153~155쪽 그림 1~그림 5).

원소의 이름은 주로 그 원소를 발견한 사람이 지었는데, 이와 관련된 문제가 일어날 때도 있었다. 예를 들어 금속 원소인 **나이오븀**은 발견하기까지 우여곡절이 있어서, 1801년에는 콜럼븀, 1844년에는 나이오븀이라고 이름이 붙여졌다. 오랫동안 유럽에서는 나이오븀, 미국에서는 콜럼븀이라고 불렀는데, 1949년 나이오븀으로 통일되었다. 이러한 사태를 예방하기 위해 현재는 1919년에 설립된 **국제 순수·응용화학연맹(IUPAC)**이 세운 규칙을 바탕으로 발견한 사람이 이름을 짓는 것으로 정해졌다(→ 155쪽 그림 6)

원소의 발견자에게
이름을 정할 권리가 있다

▶ 신화에서 유래한 원소 이름 (그림 1)

※ 우라늄의 유래는 천왕성을 뜻하는 '우라노스'인지 신화에 등장하는 '우라노스'인지 논쟁이 있다.

원소 이름		유래가 되는 신화
● 타이타늄(티타늄)	titanium	그리스 신화에서 거인족 '타이탄(Titan)'
● 바나듐	vanadium	북유럽 신화에서 사랑과 미의 여신 '바나디스(Vanadis)'
● 나이오븀(니오븀)	niobium	그리스 신화에서 탄탈로스의 딸 '니오베(Niobe)'
● 탄탈럼(탄탈)	tantalum	그리스 신화에서 제우스의 아들 '탄탈로스(Tantalus)'
● 이리듐	iridium	그리스 신화에서 무지개의 여신 '이리스(Iris)'
● 토륨	thorium	북유럽 신화에서 천둥의 신 '토르(Thor)'
● 프로메튬	promethium	그리스 신화에서 신 '프로메테우스(Prometheus)'
● 우라늄(우란)※	uranium	그리스 신화에서 천왕신 '우라노스(Uranus)'

콜럼븀은 1801년, 탄탈럼은 1802년에 발견·명명되었는데, 같은 원소라고 착각해 당시에는 둘 다 탄탈럼이라고 불렀다. 1844년에 나이오븀이 발견되었는데, 자세히 알아본 결과 콜럼븀과 탄탈럼은 다른 원소이고, 나이오븀과 콜럼븀은 같은 원소로 판명되었다. 그 때문에 한동안은 나이오븀과 콜럼븀이라는 이름이 둘 다 쓰였다.

▶ 원재료에서 유래한 원소 이름 (그림 2)

원소 이름		유래가 되는 원재료
● 베릴륨	beryllium	'녹주석'을 뜻하는 그리스어 'beryl'
● 붕소(보론)	boron	'붕사'를 뜻하는 아라비아어 'buraq'
● 탄소(카본)	carbon	'목탄'을 뜻하는 라틴어 'carbo'
● 질소(나이트로젠)	nitrogen	'초석'을 뜻하는 그리스어 'nitron' + 'gen(만드는 것)'
● 플루오린(불소)	fluorine	'형석'을 뜻하는 라틴어 'fluorite'
● 알루미늄	aluminium	'백반'을 뜻하는 라틴어 'alumen'
● 규소(실리콘)	silicon	'부싯돌'을 뜻하는 라틴어 'silex'
● 포타슘(칼륨)	potassium	초목회(potash)
● 칼슘	calcium	'석회'를 뜻하는 라틴어 'calx'
● 망가니즈(망간)	manganese	연망간석(magnesia nigra)
● 지르코늄	zirconium	보석 지르콘(zircon)
● 몰리브데넘	molybdenum	납색 광석을 납(molybdos)으로 오인
● 카드뮴	cadmium	'섬아연석'을 뜻하는 라틴어 'cadmia'
● 텅스텐	tungsten	'무거운 돌'을 뜻하는 스웨덴어 'tungsten'

▶ 지명에서 유래한 원소 이름 (그림 3)

원소 이름		유래가 되는 지명
● 마그네슘	magnesium	그리스의 마그네시아(Magnesia)
● 스칸듐	scandium	스칸디나비아의 라틴어 이름 'Scandiax'
● 구리※(동)	copper	키프로스 섬의 라틴어 이름 'Cuprum'
● 갈륨	gallium	프랑스의 라틴어 이름 'Gallia'
● 저마늄(게르마늄)	germanium	독일의 라틴어 이름 'Germania'
● 스트론튬	strontium	스코틀랜드의 마을인 'Strontian'
● 이트륨	yttrium	스웨덴의 마을인 'Ytterby'
● 루테늄	ruthenium	우크라이나 서부의 라틴어 이름 'Ruthenia'
● 유로퓸	europium	유럽
● 터븀(테르븀)	terbium	스웨덴의 마을인 'Ytterby'
● 홀뮴	holmium	스톡홀름의 라틴어 이름 'Holmia'
● 어븀(에르븀)	erbium	스웨덴의 마을인 'Ytterby'
● 툴륨	thulium	최북단에 있는 전설의 섬 'Thule'
● 이터븀(이테르븀)	ytterbium	스웨덴의 마을인 'Ytterby'
● 루테튬	lutetium	프랑스 파리의 라틴어 'Lutenia'
● 하프늄	hafnium	코펜하겐의 라틴어 이름 'Hafnia'
● 레늄	rhenium	라인 강의 라틴어 이름 'Rhenus'
● 폴로늄	polonium	폴란드의 라틴어 이름 'Polonia'
● 프랑슘(프란슘)	francium	프랑스
● 아메리슘	americium	미 대륙
● 버클륨(베르켈륨)	berkelium	미국의 도시인 버클리(Berkeley)
● 캘리포늄(캘리포르늄)	californium	미국의 주인 캘리포니아주(California)
● 더브늄(두브늄)	dubnium	러시아의 도시인 더브나(Dubna)
● 하슘	hassium	독일의 헤센주의 라틴어 이름 'Hassia'
● 다름슈타튬	darmstadtium	독일의 도시인 다름슈타트(Darmstadt)
● 니호늄	nihonium	일본
● 모스코븀	moscovium	러시아의 주인 모스크바주(Moscow)
● 리버모륨	livermorium	미국의 도시인 리버모어(Livermore)
● 테네신	tennessine	미국의 주인 테네시주(Tennessee)

프랑스의 화학자 폴 에밀 르코크 드 부아보드랑은 자신이 발견한 원소에 '갈륨'이라는 이름을 붙였다. 당시에는 '르코크의 라틴어 표현인 gallus(갈루스)에서 유래했다', '원소에 자신의 이름을 붙였다'는 소문이 돌았다. 하지만 그는 이후에 '프랑스(옛 이름이 갈리아)'에 경의를 표한 것이었다며 소문을 부정했다.

※ 구리의 유래인 '쿠프룸'은 키프로스 섬의 이름이라는 설과, 그 섬에서 채취된 광물의 이름이라는 설이 있다.

▶ 천체에서 유래한 원소 이름 (그림 4)

원소 이름		유래가 되는 천체 이름
● 헬륨	helium	'태양'을 뜻하는 그리스어 'Helios'
● 셀레늄(셀렌)	selenium	'달'을 뜻하는 그리스어 'Selene'
● 팔라듐	palladium	소행성 팔라스(Pallas)
● 텔루륨(텔루르)	tellurium	'지구'를 뜻하는 라틴어 'Tellus'
● 세륨	cerium	1801년에 발견된 소행성 세레스(Ceres)
● 넵투늄	neptunium	해왕성(Neptune)
● 플루토늄	plutonium	명왕성(Pluto)

▶ 색에서 유래한 원소 이름 (그림 5)

원소 이름		유래가 되는 색
● 염소(클로린)	chlorine	'녹황색'을 뜻하는 그리스어·라틴어 'chloros'
● 크로뮴(크롬)	chromium	'색'을 뜻하는 그리스어 'chroma'
● 루비듐	rubidium	'어두운 빨간색'을 뜻하는 라틴어 'rubidus'
● 로듐	rhodium	'장미색'을 뜻하는 그리스어 'rhodos'
● 인듐	indium	'남색'을 뜻하는 라틴어 'indicum'
● 아이오딘(요오드)	iodine	'짙은 보라색'을 뜻하는 그리스어 'ioeides'
● 세슘	caesium	'파란색'을 뜻하는 라틴어 'caesius'

▶ 원소 이름을 정하는 규칙 (그림 6)

신원소의 이름은 1919년 설립된 국제 순수·응용화학연맹(IUPAC)이 세운 규칙을 바탕으로 발견한 사람에게 이름을 지을 수 있는 권리가 있다.

원소 이름을 정하는 과정

1 새로운 원소가 발견되면 IUPAC에서 심사한다.

2 신원소라고 판명되면 발견자에게 이름을 지을 수 있는 권리를 준다.

3 신화, 광물, 장소, 과학자, 원소의 성질에 유래하는 이름을 짓는다.

4 마지막으로 금속 원소에는 '-ium', 17족 원소에는 '-ine', 18족 원소에는 '-on'을 붙인다.

5 정해진 이름은 다시 한번 IUPAC에서 심사해 공식적으로 인정된다.

원소 이름과 관련된 최초의 국제 회의는 1860년 케쿨레를 비롯한 화학자들이 독일 카를스루에에서 개최했다.

55 공룡이 멸종했다는 증거? '이리듐'의 업적

 공룡이 멸종한 연대의 지층에서 운석에 함유된 이리듐이 대량으로 발견되었다!

공룡은 왜 멸종했을까? 이 수수께끼를 풀 열쇠를 쥐고 있는 것이 **금속 원소인 '이리듐'**이다.

이리듐은 금속 원소 중에서 가장 녹이 슬지 않고 단단하며 무른 원소다. 금속 원소인 백금과의 합금이 만년필 펜촉에 사용되고 금속 원소인 로듐과의 합금은 자동차의 점화 플러그에 쓰인다. 이리듐은 지구의 지각이나 맨틀에는 거의 함유되어 있지 않지만, 운석에는 많이 함유되어 있다. 그런 **이리듐이 중생대 백악기와 신생대 고제3기의 경계(K-Pg 경계)에 해당하는 지층에서 대량으로 발견된 것이다.**

K-Pg 경계라 불리는 이 지층은 공룡 등의 생물이 대량으로 멸종한, 약 6600만 년 전의 지층이다. 즉, 이 시대에 지구 밖에서 거대한 운석이 떨어져서 산산조각이 났고, 그 운석에 함유되어 있던 이리듐이 지표면에 마구 흩어진 것으로 볼 수 있다. **이 지층에서 발견된 이리듐은 '지구에 거대한 운석이 떨어져서 공룡이 멸종되었다'는 가설의 유력한 근거가 된다**(오른쪽 그림).

멕시코의 유카탄 반도에서는 지름이 약 180km나 되는 칙술룹 충돌구가 발견되었는데, 공룡을 멸종시킨 거대한 운석이 충돌한 흔적으로 알려졌다. 이 충돌구의 이리듐 양 등을 바탕으로 지름이 약 10km인 거대 운석이었을 것이라고 추정하고 있다.

이리듐은 운석에 많이 함유되어 있다

▶ 거대 운석의 충돌과 이리듐

거대 운석이 충돌해 지표면에 이리듐이 쏟아졌기 때문에, 금속 원소인 이리듐이 대량으로 함유된 K-Pg 경계층이 만들어진 것으로 본다.

이리듐은 어떻게 뿌려졌을까?

1 약 6600만 년 전에 지름이 약 10km인 운석이 지구에 충돌했다. 이 충돌이 방아쇠 역할을 해서 공룡을 비롯한 동식물이 대량으로 멸종되었다고 추정한다.

2 충돌로 인해 운석은 산산조각이 나고, 운석에 함유되었던 이리듐 등의 원소가 대량의 먼지가 되어 지표면에 넓게 흩뿌려졌다.

3 이리듐은 K-Pg 경계층에 고농도로 존재한다. 이리듐은 지각이나 맨틀에는 거의 함유되어 있지 않으므로, 운석 충돌이 생물의 멸종을 일으켰다는 가설이 유력해졌다.

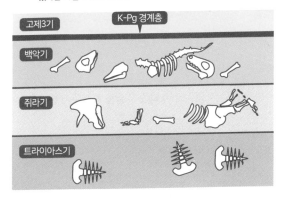

과학자의 조사와 견해

● 이리듐이 응집되어 있는 지층을 발견.

● 그 위에 있는 층을 경계로 공룡 화석이 발견되지 않음.

● 지름이 180km인 충돌구를 발견.

● 지층의 이리듐 양과 지구의 표면적을 바탕으로 운석의 크기가 지름 10km 정도로 추정.

56 금을 만들어내는 연금술과 원소의 관련성은?

연금술은 원소와 관련된 연구에 공헌했지만, 17세기에는 부정되었다!

금을 만들 수도 있고 인간을 불로불사 하게 해주는 '현자의 돌'을 찾아내기 위해 고대 ~중세에 걸쳐 활발하게 연구된 것이 '연금술'이다. **'만물은 무엇으로 이루어져 있는 가?'**에 대한 답을 찾으며, 그 근원이 되는 **원소의 정체를 탐구하는 과정에서 연금술이 탄생한 것**이다.

고대 그리스 철학자인 아리스토텔레스는 '만물은 완전함을 추구한다'고 주장했다. 그리고 **불완전해 보이는 '비금속(卑金屬, 구리, 철, 납, 주석)'으로 완전한 금속인 '금'을 만들 수 있을 것**이라고 기대하면서 연금술 이론을 연구하기 시작했다. 연금술 이론에는 만물의 근원은 네 가지 원소(불, 흙, 물, 공기)라고 하는 **4원소설**(그림 1), 물질을 구성하는 근원적인 물질은 황, 수은, 염이라고 하는 **3원질론** 등이 있다.

금을 만들기 위해 연구했다는 측면에서 보면, 연금술 이론에는 이상한 부분도 많았던 것으로 보인다. 그렇지만 고대~중세라는 긴 시간 동안 화학자들은 연금술 이론을 계속 연구했다. 그 과정에서 금속이나 합금을 제조하는 기술이 발전했고 연금술을 통해 알게 된 원리가 의학에 응용되는 등 **그때의 지식이나 실험 도구는 현대 자연과학의 초석이 되었다.**

하지만 실험 기술이 발전하면서, 17세기에 영국의 화학자 보일은 연금술의 4원소설과 3원질론을 부정했다(그림 2).

비금속으로 금을 만든다?

▶ 4원소설이란? (그림1)

모든 물질은 불, 흙, 물, 공기의 네 가지 원소로 이루어진다는 가설.

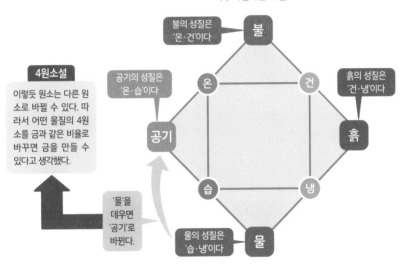

불의 성질은 '온·건'이다

공기의 성질은 '온·습'이다

흙의 성질은 '건·냉'이다

4원소설

이렇듯 원소는 다른 원소로 바뀔 수 있다. 따라서 어떤 물질의 4원소를 금과 같은 비율로 바꾸면 금을 만들 수 있다고 생각했다.

'물'을 데우면 '공기'로 바뀐다.

물의 성질은 '습·냉'이다

불 / 온 / 건 / 공기 / 흙 / 습 / 냉 / 물

▶ 연금술의 부정 (그림2)

1661년 화학자 보일은 자신의 저서 『The Sceptical Chymist(회의적인 화학자)』에서 '원소는 냉온건습이라는 성질을 바탕으로 찾는 게 아니라 물질 그 자체에서 찾아야 한다'고 하며 4원소설을 부정했다. 그러면서 실험을 통해 원소를 분석할 수 있다고 주장했다.

보일의 주장

실험을 통해 물질을 계속 분해하면 더 이상 분해할 수 없는 입자인 원소에 도달할 수 있다!

불 흙 물 공기

=

물질

=

입자의 집합

원소의 특성을 살린 아름다운 건축물

원소 이름 탄소, 질소, 네온, 알루미늄, 규소, 칼슘, 타이타늄, 크로뮴, 철, 구리, 갈륨

인간이 만들어낸 아름다운 건축물에는 어떤 원소가 숨어 있을까? 신전, 고층 빌딩, LED 등의 조형물을 살펴보자.

대리석 신전

재료 대리석(칼슘, 탄소 등)

고대 그리스 시대의 파르테논 신전. 기원전 447년부터 15년에 걸쳐 완공되었다. 대리석으로 만들어졌는데, 산에서 채굴한 석재를 16km나 운반했다고 한다.

최초의 철교

영국 슈롭셔주의 아이언 브리지. 1781년에 개통되었다. 세계 최초의 철교로 전체 길이는 60m이고, 철 384톤으로 만들어졌다.

재료 주철(철, 탄소, 규소 등)

밤에 색을 더한다

일본의 쇼와 시대의 네온사인. 1910년 파리에서 비활성 기체 원소를 투입한 네온사인이 등장했다. 이후에 네온사인 간판으로 활용되며 밤거리를 장식했다.

재료

비활성 기체 원소(네온 등)

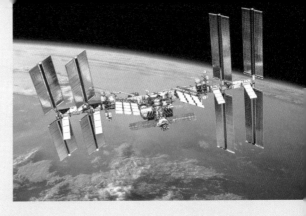

우주의 거점

국제 우주 정거장. 세계 각국에서 만든 부품을 연결한 구조로, 사용된 재료는 서로 다르지만 가볍고 튼튼한 알루미늄 합금이 가장 많이 쓰였다.

재료

알루미늄, 스테인리스강(철, 크로뮴, 탄소), 타이타늄 등

국가의 심볼

미국의 자유의 여신상. 1886년 당시에는 연철(철과 탄소) 골조를 80톤의 구리판으로 덮었다. 이후에 골조는 스테인리스강으로 교체되었다.

재료

구리, 스테인리스강(철, 크로뮴, 탄소) 등

지상의 별

재료 갈륨, 질소 등

거리를 장식하는 일루미네이션은 LED의 보급으로 어디에서나 볼 수 있게 되었다. LED는 빛을 방출하는 반도체로, 갈륨이나 질소 등이 재료로 쓰인다.

초고층 빌딩

아랍에미리트의 두바이에 있는 초고층 빌딩인 부르즈 할리파. 높이는 828m. 외벽은 알루미늄과 스테인리스강이고, 2만 6000장의 유리 창문으로 이루어져 있다.

재료

(외벽) 알루미늄, 스테인리스강(철, 크로뮴, 탄소), 규소 등

57 아름답기 위해 독을 사용? 화장품과 원소의 역사

그렇구나! 클레오파트라, 엘리자베스 1세의 **화장품**처럼, **과거의 화장품**에는 **독성이 있는 원소**가 사용되었다!

여성을 아름답게 꾸며주는 '화장품'. 지금은 누구나 사용하고 있지만, 과거에는 신분이 높은 여성이 주로 사용했다. 아름다움을 위해 다양한 소재를 활용했는데, 그중에는 **위험한 원소를 사용한 화장품도 있었다**(오른쪽 그림).

고대 이집트의 대표적인 미녀 **클레오파트라**는 눈을 커 보이게 하려고 검정색 광물 분말을 사용했다. 눈 주변을 검게 칠하고 눈썹을 그린 것이다. 당시에는 그 분말이 귀신을 쫓아내고 눈의 감염증을 예방한다고 믿었다. 하지만 그것의 정체는 **휘안광에 함유된 준금속 원소인 안티모니**였다. 독성이 있어서 지금은 사용하지 않는 원소다.

중세 유럽에서는 흰 피부를 아름답다고 여겼다. 영국의 여왕 **엘리자베스 1세**는 천연두 흉터를 가리고 피부를 깨끗하게 보이려고 **납백**(탄산 납)이 함유된 백분을 발랐다. 그리고 입술에는 수은이 주성분인 **진사**(황화 제이수은)로 빨갛게 칠했다. **납과 수은은 모두 독성이 있는 금속 원소다**. 그런 화장품은 납 중독이나 수은 중독을 일으키고 피부를 나빠지게 만들며 탈모의 원인이 되기도 했다.

요즘 화장품에는 금속 원소인 타이타늄이나 아연의 화합물처럼 문제를 일으키지 않는 원소를 사용한다. 산화 타이타늄이나 산화 아연은 흰색 안료로, 피부에 주는 자극도 덜해서 많은 화장품에 쓰이고 있다.

진화하는 화장품 재료

▶ 시대에 따라 달라지는 화장품 재료

과거에는 독성이 강한 원소가 사용되었지만, 지금은 여러 연구를 통해 안전한 원소를 사용하고 있다.

과거의 위험한 화장품 ①　　**재료: 안티모니**

고대

고대 이집트, 그리스, 아라비아 등에서는 휘안광의 분말(황화 안티모니)에 액체를 섞어서 눈 화장을 하던 시기가 있었다. 안티모니는 독성이 강해서 많이 사용하면 중독 증상이 일어나고, 급성인 경우에는 구토와 설사를 한다.

눈 화장

과거의 위험한 화장품 ②　　**재료: 납, 수은**

중세

백분의 원료로 납백(탄산 납)이나 감홍(염화 제일수은), 입술이나 볼에 바르는 화장품의 원료로 짙은 빨간색 광석인 진사(황화 제이수은)를 사용하던 시기도 있었다. 납 중독이 되면 신경이 과민해지고 정서가 불안정해진다. 수은의 독성은 어떤 화합물인지에 따라 다르기는 하지만, 많은 사람이 중독 때문에 괴로워했다고 전해진다.

백분

립스틱

현대의 안전한 화장품　　**재료: 타이타늄, 아연**

현대

현대의 화장품에 주로 사용되는 산화 타이타늄은 굴절률이 높아 흰색을 띤다. 자외선을 차단하고 가시광선을 투과하므로 투명해 보인다. 산화 아연은 살균 작용을 하며 베이비파우더에도 쓰인다.

'알코올'이라는 이름의 화장품?

아이섀도에 사용되던 안티모니 분말은 당시에 아라비아어로 '알코올'이라고 했다. 그 후에 술도 '알코올'이라고 부르게 되어서, 18세기에는 두 가지 뜻으로 쓰였다.

58 원소는 맹독이 될 수도 있고 약이 될 수도 있다?

그렇 구나! 맹독으로 알려진 비소도 백혈병 치료제에 사용된다. 독인지 약인지는 종이 한 장 차이!

맹독으로 알려져 있지만 섭취량에 따라 약이 되기도 하는, 놀라운 원소가 존재한다. 독이 되기도 하고 약이 되기도 하는 원소는 무엇일까?

비소 화합물은 독성이 있는 것으로 유명하다. 비소 화합물을 독극물로 사용한 범죄 사건이 많이 일어나고 있지만, 기원전부터 다양한 병에 치료제로 쓰이기도 했다. 효과가 없거나 오히려 위험한 비소 약품도 많았지만, 매독 치료 등 도움이 된 것도 있었다. 과거에 사용하던 비소 약품은 현재 거의 사용하지 않지만, **비소를 사용한 백혈병 치료제를 개발하고 있다.** 독이라고 생각한 원소가 약이 되는 것이다(오른쪽 그림).

인간에게 필수적인 원소 중에서도 너무 많으면 독이 되는 것이 있다. 구리는 빈혈이나 동맥경화를 예방하는 데 도움이 되지만 너무 많으면 중독을 일으키고 신장을 손상시키며 사망에 이르게 하는 경우도 있다. 사실 비소도 생명에 필수적인 원소다.

이렇듯 원소는 생명을 유지하기 위해 반드시 취해야 하는 것이 있는가 하면, 너무 많이 취하면 생명을 위협하는 것도 있어서, 양날의 검과 같다. 16세기 스위스의 의사 파라켈수스는 '모든 물질에는 독이 있으며, 독이 들어 있지 않은 것은 없다. 독이 될지 약이 될지는 복용량에 따라 결정된다'고 주장했다. 무엇이든 '적당히'가 중요한 법이다.

적당량을 섭취하면 약이 되기도 한다

▶ 독과 약은 종이 한 장 차이?

인체에 필수적이지만 경우에 따라서는 독이 되는 원소가 있다.

비소의 경우

1 비소 화합물은 오래전부터 '**독살**'에 사용되었다.

2 비소 화합물 중 일부는 서서히 익숙해지면 치사량이 넘어도 괜찮은 경우가 있어서 '**매독 치료**' 등에 사용했다(현재는 사용하지 않는다).

3 현대에도 급성 전골수구성 백혈병의 치료제에 비소 화합물이 '**약**'으로서 쓰이고 있다.

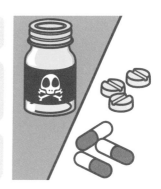

인체에 필수적이지만 적당량을 넘기면 해가 되는 원소

원소	인체에서 하는 역할	결핍이면…	과잉이면…
플루오린	치아를 튼튼하게 하고 뼈의 형성을 촉진한다.	충치가 생긴다.	치아에 반점이 생기는(반상치) 등의 중독 증상이 나타난다.
철	산소를 저장하는 단백질의 구성 성분이 되어 산소를 몸 전체에 운반한다.	빈혈이 생긴다.	체내에 철이 너무 많이 축적되는 과잉증이나 중독증이 생기기도 한다.
구리	다양한 단백질과 결합해 헤모글로빈에 철을 운반한다.	빈혈, 골다공증 등.	구토, 설사, 신장 손상, 빈혈을 유발한다.
아연	효소(체내 화학 반응을 촉진하는 촉매)의 성분.	성장 장애, 면역 기능 저하, 미각 장애 등.	과도한 섭취는 식욕 부진이나 구토, 설사의 원인이 된다.
아이오딘	갑상선 호르몬의 성분.	갑상선의 작용이 저하된다.	갑상선이 과하게 작용한다.

59 문명을 밝게 비추어왔다?
원소와 조명의 역사

그렇구나! 촛불부터 가스 맨틀까지,
다양한 원소로 조명이 만들어졌다!

문명을 비추는 빛이라고 해도 과언이 아닌 '조명'. LED나 백열전구가 발명되기 전에는
동식물의 기름을 이용한 등불이나 촛불 등, 무언가를 태웠을 때 나오는 빛을 조명으
로 사용해왔다(오른쪽 그림).

등불에 사용된 유채유는 **탄소·수소·산소**가 주성분이고, **촛불**에 주로 사용된 밀랍
은 **탄소와 수소**가 주성분으로, 이렇듯 조명에는 다양한 원소가 활용되었다. 1797년에
는 영국인 머독이 등불과 촛불보다 더 밝은 조명인 **가스등**을 발명했다. 석탄을 건류
(공기가 통하지 않는 기구에 넣고 가열하는 것.-옮긴이)했을 때 발생하는 석탄 가스(일산화 탄소
와 수소)를 연료로 사용해서 빨간 불꽃을 더 밝게 한 것이다.

이 불꽃을 더욱 밝게 만든 것은 1886년에 발명된 **가스 맨틀**이다. 석탄 가스의 불
꽃을 맨틀이라고 하는 발광체로 덮으면 뜨거워지면서 촛불보다 7배 밝은, 푸르스름
한 빛을 방출한다.

오스트리아의 아우어는 금속 산화물을 가스 불꽃으로 연소시키면 빛이 강해진다
는 사실을 발견하고, 원소인 **토륨과 세륨**을 주성분으로 한 **아우어 맨틀**을 발명했다.
가스등과는 달리 냄새도 나지 않고 빛이 오래 지속되었으므로, 가스 맨틀은 가로등뿐
만 아니라 실내등에도 보급되어 삶의 질을 향상시켰다. 지금도 맨틀은 캠핑용 랜턴에
쓰이는데, 토륨은 방사성 물질이므로 **이트륨**을 대신 사용하고 있다.

방사성 물질도 조명에 활용되었다

▶ 물질을 태우는 조명

전기가 발명되기 전에는 물질을 태워서 조명으로 사용했다.

촛불

기원전부터 사용했다. 꿀벌의 분비물, 옻나무 열매, 파라핀 등이 원료다.

등불

작은 접시에 기름과 심지를 넣고 불을 붙인다. 사방등의 광원으로 쓰였고 유채유를 쓴다.

촛불보다 1.5배 밝다!

가스등(덮개 없음)

석탄에서 나오는 가스에 불을 붙여서 사용한다. 유럽 전역에 보급되었다.

가스 맨틀

금속 화합물이 함유된 그물 모양의 천

촛불보다 7배 밝다!

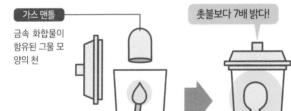

가스 랜턴

가스등의 불꽃에 가스 맨틀을 씌우면 맨틀에 함유된 금속 원소가 빛을 방출한다. 가스 맨틀에는 산화 토륨과 산화 세륨의 혼합물을 사용한다.

백열전구의 필라멘트 찾기

가스등이 쇠퇴하게 된 것은 백열전구(→ 56쪽)가 보급되면서다. 1879년 물리학자 스완이 탄소 필라멘트를 이용한 전구를 개발하는 데 성공했다. 이후에 발명가 에디슨은 대나무를 사용한 백열전구를 실용화하는 등, 소재를 개량해 점등 시간을 늘리기 위한 연구가 계속되었고, 1904년에 텅스텐을 이용한 백열전구를 개발했다.

60 원소의 힘으로 얼룩을 제거? 비누의 역사와 원리

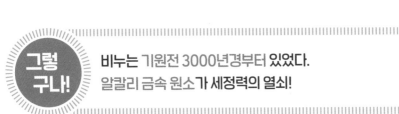

그렇구나! 비누는 기원전 3000년경부터 있었다.
알칼리 금속 원소가 세정력의 열쇠!

비누는 어떻게 얼룩을 제거하는 것일까? 그 바탕에는 **알칼리 금속 원소인 소듐과 포타슘**이 연관되어 있다.

기원전 3000년경, 고대 로마의 신전에서 신에게 올리는 양을 구운 후에 남은 '재'에 얼룩을 제거하는 효과가 있다고 보고 비누처럼 사용했다고 한다. 식물의 재에 함유된 포타슘과 양고기에서 나온 기름이 섞여서 **우연히 비누가** 탄생한 것이다.

예로부터 비누는 동물성 기름과 식물의 재(탄산 포타슘), 올리브 기름과 해조류의 재(탄산 포타슘) 등을 원료로 만들어졌다.

현재 사용하는 비누도 야자 기름이나 쇠기름 같은 동물성·식물성 기름과 소듐 또는 포타슘의 수산화물을 원료로 사용한다. 동물성·식물성 기름과 수산화 소듐이 화학 반응을 일으키면 '지방산 소듐=고체 비누'가 되고, 동물성·식물성 기름과 수산화 포타슘이 화학 반응을 일으키면 '지방산 포타슘=액체 비누'가 된다(그림 1).

그렇다면 비누는 어떻게 얼룩을 제거할 수 있는 것일까? 바로 **지방산 소듐과 지방산 포타슘이 계면활성제이기 때문이다.** 일반적으로 물과 기름은 섞이지 않지만, 계면활성제는 물과 기름이 섞이게 만드는 성질이 있다. 이 성질을 활용해 기름때를 분리하고 물로 흘려보내서 얼룩을 제거하는 것이다(그림 2).

비누는 계면활성제다

▶ 비누를 만드는 법 (그림1)

동물성·식물성 기름에 소듐 또는 포타슘을 섞으면 비누가 된다.

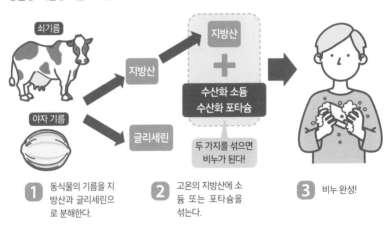

쇠기름

야자 기름

지방산

글리세린

지방산

+

수산화 소듐
수산화 포타슘

두 가지를 섞으면
비누가 된다!

1 동식물의 기름을 지방산과 글리세린으로 분해한다.

2 고온의 지방산에 소듐 또는 포타슘을 섞는다.

3 비누 완성!

▶ 얼룩을 제거하는 원리 (그림2)

비누인 지방산 소듐과 지방산 포타슘은 물과 기름을 섞어주는 계면활성제로, 그것이 작용해 얼룩을 제거한다.

지방산 소듐의 구조

기름과 쉽게 결합하는 부분

물과 쉽게
결합하는 부분

소수기

친수기

지방산 소듐의 분자는 물과 쉽게 결합하는 부분(친수기)과 물과 결합하지 않는 부분(소수기)이 있기 때문에 물과 기름 사이를 중개해 얼룩을 제거한다.

얼룩을 제거하는 원리

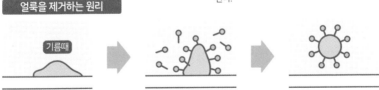

기름때

기름때는 물로 잘 제거되지 않는다.

계면활성제의 소수기가 기름때에 달라붙는다.

친수기는 수분과 결합해 기름때를 분리한다.

61 자주 언급되는 '이온'도 원소의 일종일까?

그렇구나! 원자가 전하를 띠는 것이 '이온'. 체액량 조정 등 다양한 분야에서 활약한다!

'이온 음료', '음이온'처럼 '이온'이라는 말은 일상생활에서 자주 접하게 된다. 그렇다면 이온도 원소인 것일까?

원소는 고유의 수만큼 전자를 가지고 있는데, 다른 원자에게 전자를 받기도 하고 주기도 한다. **전자의 증가나 감소에 따라서 '전하를 띠는 원자'를 '이온'이라고 한다**(오른쪽 그림).

예를 들어 소금의 주성분인 '염화 소듐'이 물에 녹으면 (+) 전하를 띠는 '소듐 이온'과 (-) 전하를 띠는 '염화물 이온'으로 나뉜다. 깨끗한 물에서는 전기가 거의 통하지 않지만, 식염수에서는 이온이 전하를 운반하기 때문에 전기가 잘 통한다. 이렇듯 물에 녹였을 때 전기를 통하게 하는 소금은 **'전해질'**이며, 이러한 원리를 응용한 것이 전지다.

인간의 체액에도 다양한 원소가 이온 형태로 녹아 있다. 예를 들어 인간은 소듐 이온의 농도에 따라 세포 외 체액의 양을 조정한다. 심한 설사 등으로 물과 함께 소듐 이온이 빠져나가면 탈수 현상이 일어나고 조정 기능에 이상이 생긴다.

그러한 증상을 치료하기 위해 소금이 함유된 생리식염수를 투여하거나 전해질이 함유된 경구수액을 먹여야 한다. **땀을 많이 흘리는 운동을 하고 나서 이온 음료를 마시는 것도 같은 이유에서다.**

전기적으로 중성인 원자가 전하를 띠는 것

▶ 이온이란?

물 등에 녹아서 전하를 띠는 원자를 가리킨다. 예를 들어 염화 소듐은 염소 이온과 소듐 이온이 전기력에 따라 결합한 화합물이다.

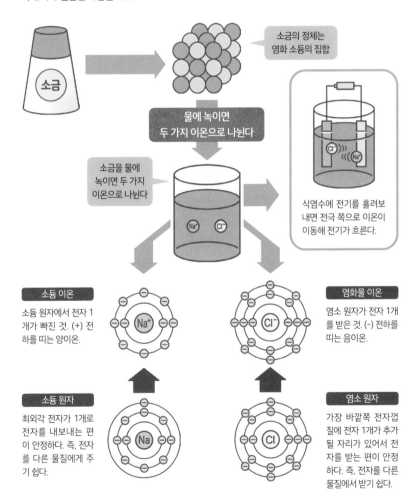

소금의 정체는 염화 소듐의 집합

물에 녹이면 두 가지 이온으로 나뉜다

소금을 물에 녹이면 두 가지 이온으로 나뉜다

식염수에 전기를 흘려보내면 전극 쪽으로 이온이 이동해 전기가 흐른다.

소듐 이온

소듐 원자에서 전자 1개가 빠진 것. (+) 전하를 띠는 양이온.

염화물 이온

염소 원자가 전자 1개를 받은 것. (-) 전하를 띠는 음이온.

소듐 원자

최외각 전자가 1개로 전자를 내보내는 편이 안정하다. 즉, 전자를 다른 물질에게 주기 쉽다.

염소 원자

가장 바깥쪽 전자껍질에 전자 1개가 추가될 자리가 있어서 전자를 받는 편이 안정하다. 즉, 전자를 다른 물질에서 받기 쉽다.

Q 1g당 가장 비싼 원소는 무엇일까?

금 > 또는 > 다이아몬드 > 또는 > 방사성 원소

원소마다 지구에 있는 양이나 생산량이 각각 다르다. 그중에는 거래되고 값이 매겨지는 원소도 있다. 그렇다면 1g당 가장 비싼 원소는 무엇일까?

지금은 어떤 원소가 비쌀까? 가격이 비쌀 것 같은 원소들에 대해 알아보자.

금속 원소 중에는 금이 1g당 약 87달러, 산업용 희소 금속인 백금족 원소 팔라듐이 1g당 약 33달러, 백금이 1g당 약 31달러 정도로 거래되고 있다.[1] 한편 희소 금속은 세계 정세나 산출국의 상황에 따라 가격이 크게 변동된다.

다음으로 비쌀 것 같은 탄소 동소체인 다이아몬드의 가격에 대해 알아보자. 세계